KB098629

스토리텔링으로 떠나는

꽃차여행

스토리텔링으로 떠나는 꽃차여행

꽃 이야기를 찾아 떠난 차 이야기

글 · 사진 류정호

초판 1쇄 발행 2012년 3월 15일
초판 3쇄 발행 2014년 10월 30일
개정판 1쇄 발행 2019년 3월 15일

펴 낸 곳 인문산책
펴 낸 이 허경희

주 소 서울시 은평구 연서로3가길 15-15, 202호(역촌동)
전화번호 02-383-9790
팩스번호 02-383-9791
전자우편 inmunwalk@naver.com
출판등록 2009년 9월 1일

ISBN 978-89-98259-28-0 03980

값 16,000원

이 도서의 국립중앙도서관 출판예정도서목록(CIP)은 서지정보유통지원시스템 홈페이지(http://seoji.nl.go.kr)와
국가자료공동목록시스템(http://www.nl.go.kr/kolisnet)에서 이용하실 수 있습니다.
(CIP제어번호: CIP2019007697)

인문여행시리즈 6

글 · 사진 류정호

인문산책

차례

봄 꽃차여행

여름 꽃차여행

가을 꽃차여행

〈개정판〉 저자의 말

다시 꽃길에 섭니다

《스토리텔링으로 떠나는 꽃차여행》의 개정판을 내게 된 시절인연이 참 고맙습니다.

지난 7년간 함께 꽃길을 걸으신 독자 분들이 으뜸이고, 한 잔의 차로 숨은 미각을 일깨우고, 꽃의 풍류마저 익히게 한 스승이 그렇고, 차의 길에서 만난 많은 사람들이 인연의 엄지에 있습니다. 카페인에 취해 물이 고갈된 그들, 특히 이 땅의 청춘들과 물을 더욱 마시고자 꽃을 띄웠지요. 내친 김에 꽃을 찾아 길을 떠났고, 저마다의 꽃길에서 인문의 이야기를 만났습니다.

꽃과 차와 여행 그리고 꽃 이야기가 차 이야기로 만난 《스토리텔링으로 떠나는 꽃차여행》은 많은 분과의 시절인연이 만들어냈습니다.

왜, 꽃인가요.

신은 세상에서 가장 아름다운 사람을 만들었습니다. 그런데 사람은 가끔씩 아름다움을 상실하곤 합니다. 끝내 사람을 사랑하는 신은 사람 곁에 꽃을 두었습니다.

삼십여 년 차의 길, 꽃의 길에서 만난 산하의 꽃에는 신의 메시지가 있고, 향기가 있고, 온갖 색채가 있습니다. 어디 그뿐인가요. 꽃이 우러난 꽃차는 치유의 효능마저 갖고 있습니다.

죽어서라도 꽃이 되기를 바라는 사람의 간절한 바람은 꽃의 신화와 전설과 소소한 이야기를 남겼습니다. 곡진한 염원이 빚어낸 이야기와 꽃의 인문에는 생기고 변화하는 생명과 풍류, 대를 이어가는 찡한 내리사랑, 아름다운 치유, 침묵의 언어, 끝내 살아남아야 하는 인내와 끈기들이 있습니다. 조상들 지혜와 동서양의 경구들이 꽃잎 낱낱에 오롯합니다.

시절인연은 사람에 머물지 않습니다.

동백꽃, 매화, 난꽃, 수선화, 산수유꽃, 개나리꽃, 진달래꽃, 목련꽃, 민들레꽃, 유채꽃, 벚꽃, 배꽃, 등꽃, 찔레꽃, 아까시꽃, 인동꽃, 도라지꽃, 연꽃, 수국꽃, 능소화꽃, 원추리꽃, 무궁화꽃, 배롱나무꽃, 해바라기꽃, 비비추꽃, 옥잠화꽃, 메밀꽃, 구절초꽃, 국화꽃, 차꽃.

우리 산하를 아름답게 피워낸 한 꽃 한 꽃에 깊이 절을 드립니다.

그리고 목련꽃차를 이야기하다 이 책의 출간을 제안한 인문산책 허경희 대표와, 물 따라 꽃 따라 떠나는 동안 묵묵히 견디어준 우리 가족에게 고맙다는 인사를 드립니다.

은혜의 꽃으로 되돌립니다.

한 잔의 꽃차로 꽃길을 걷는 여러분이 행복하면 참 좋겠습니다.

2019년 봄날

아인(雅人) 류정호

여는 시

그대, 꽃차 한잔 하실래요

댓돌 위 쪽마루에
봄햇살 폴폴 나릴 때
두터운 겨울 옷자락 툭툭 털고
아기별 노란 꽃향기 피어오른 생명의 꽃차 한잔 하실래요

장대비 좍좍 내리고
뜨거운 볕 잉잉거릴 때
나 있노라 어깨를 톡 건드리던
사랑 가득한 붉은 선홍의 꽃차 한잔 하실래요

반짝이는 이슬 새벽 풀섶에
아침 손님 뚜벅뚜벅 걸어오면
부끄러이 단장하고 마중 가는
하얀 침묵의 꽃차 한잔 하실래요

무서리 내리고
뉘엿 넘어가는 해넘이에 서면
늘 깨어 있으라,
종이 꽃등 밝혀 든 희망의 꽃차 한잔 하실래요

사계절
꽃길 따라
다박다박 걷는 내 옷섶에
스치는 꽃들의 향기로운 언어

그대, 꽃차 한잔 하실래요

— 류정호, 〈그대, 꽃차 한잔 하실래요〉

봄

꽃차여행

동백꽃은 겨울과 이른 봄에 걸쳐 꽃이 피는 남부지방에서 점차 북상하여 3월쯤에는 중부지방에서도 꽃을 볼 수 있다. 곤충이 수정을 도와주는 여느 꽃과 달리 곤충이 활동하기 어려운 추운 겨울에 동박새가 꽃가루받이를 도와주는 희귀한 조매화(鳥媒花)이다. 유럽에서는 동백의 원산지를 일본으로 알고 재포니카(Japonica)로 부르지만, 중국 명나라 때 약학서인 《본초강목》에 "동백은 신라에서 온 꽃(海紅花出新羅國)"이라고 나와 있듯이 우리나라에서 맨 처음 자란 꽃이다.

동백꽃
키 : 15미터
꽃 : 12~4월
학명 : *Camellia japonica* L.

봄 꽃차여행

동백꽃차

피는 건 힘들어도 지는 건 잠깐이더라

꽃피는 동백섬에 봄이 왔다. 가슴 기슭에 꽃 그리움이 문득 문득 피어오르던 혹독한 겨울 끝에 온 봄이다. 하지만 설익은 봄에 꽃을 찾기는 여간 어려운 게 아니다. 겨울에 피는 유일한 꽃이라 하여 한사(寒士)라 일컫는 동백꽃을 찾아 뱃고동 소리가 물비늘을 가르는 해운대 동백섬에 섰다. 섬을 벌겋게 물들인 '청춘의 피꽃' 동백꽃은 오륙도 돌아나는 연락선을 마중하고, 농염한 꽃잎 사이 노랑 수술 꽃밥조차 봄에 농익었다.

부산은 역시 동백의 도시다. 부산의 시화는 동백꽃이고, 시목은 동백나무다. 봄 바다에 취한 사람들은 동백섬의 등대와 누리마루로 가는 길을 따를 뿐, 정작

동백섬 정상으로 오르는 길은 하늘을 가린 노송의 신비스런 기운만 감돌았다.

해운(海雲) 최치원은 자신의 자(字)를 따른 해운대의 동백섬 한가운데에 의연히 앉아 있고, 최치원 동상 둘레는 가는 겨울, 오는 봄을 동백으로 피고 지었다. 우리나라 역사상 처음으로 현묘지도(玄妙之道)로서 '풍류(風流)'라는 우리 고유사상의 존재를 확인한 선생은 동백꽃의 피고 지는 생과 사에 둘러싸여 민족의 유장한 생명을 지켜보고 있는 것이다.

신라 화랑의 풍류는 단순히 호연지기에 머물지 않았다. '생화생화(生化生化 : 생기고 변화하며 생기고 변화하는 것이 동방을 터전으로 한다)'의 풍류를 통해 생명을 인식하고, 모든 것의 본성을 생명으로 꿰뚫어 무(武)와 문(文)을 연마했던 것이다. 그리하여 동백은 풍류의 꽃이며 생명의 꽃인 것이다.

늘 푸른 상록수이고 윤택한 잎을 가진 동백은 따뜻한 남부지방, 특히 바닷가에서 잘 자란다. 우리나라에서 맨 처음 동백나무가 자라기 시작한 곳은 전라남도 해남군, 두륜산 대흥사 부근의 숲이나 다도해의 산지, 제주도 지방이라는 기록이 있다. 수평적으로는 제주도 한라산 1,100미터에서부터 최북단인 대청도까지 분포하는 상록낙엽 소교목으로 키가 15미터까지 자란다.

12월부터 4월 사이에 피는 동백꽃은 보통 붉은색이지만, 흰색 꽃이 피는 흰동백도 있다. 피는 시기에 따라 춘백(春栢), 추백(秋栢), 동백(冬栢)으로 부르기도 한다. 다른 식물들이 꽃을 모두 지우고 난 겨울에야 피기에 한겨울에도 정답게 만날 수 있는 친구에 비유하여 세한지우(歲寒之友)라고도 부른다.

동백에는 울릉도 무덤가에 핀 전설이 있다.

울릉도 어느 마을에 부부 사랑이 자자하게 소문난 부부가 살고 있었다. 하루는 남편이 뭍에 일이 생겨 건너가게 되었다. 그런데 남편이 돌아올 날이 되어도 아무런 소식이 없자 아내는 매일 바닷가에 나가 남편이 돌아오기를 기다리며 노래를 불렀다.

오늘 오는가
내일 오는가
오지 못하면
소식이나 오는가
기별이나 오는가
꿈에라도 오는가.

그러기를 1년이 훌쩍 지나게 되었다. 남편을 그리워하던 아내는 결국 병을 얻게 되었고, "내가 죽거든 육지에서 오는 배가 바라보이는 곳에 묻어 주오"라는 말을 남기고 숨을 거두었다.

마을 사람들이 아내의 장례를 지내고 3일이 되던 날, 그 집 앞 후박나무에는 전에 없이 먹비둘기들이 와서 구슬피 울었다. 마을 사람들이 기이하다고 생각했던 그날 밤, 뭍에 갔던 남편이 돌아왔다. 남편은 아내의 죽음을 알고 목 놓아 울었고, 마을 사람들도 따라 울었다.

왜 죽었나
일 년도 못 참더냐
십 년도 못 참더냐
열흘만 참았더면

백년해로 하는 것을
원수로다 원수로다
넋이야 두고 가소
불쌍하고 가련하다
몸이야 갈지라도
넋이야 두고 가소
불쌍하고 가련하다.

남편은 아내의 무덤 옆에서 울고 또 울었다. 여러 달이 지나도록 남편은 무덤을 찾아 아내를 그리워하였다. 그러던 어느 날 하얀 눈이 소복하게 쌓인 무덤가에 지금까지 보지 못했던 빨간 꽃이 만발해 있었다. 이 꽃이 울릉도에 널리 퍼진 동백꽃이다. 지금까지 내려오는 울릉도의 전설에 의하면, 남편을 그리워하던 아내의 넋이 동백꽃으로 피어난 것이라고 한다.

엄동설한에도 염염했던 동백꽃은 시나브로 한 잎씩 떨어지는 보통의 꽃과는 달리 떨어지는 양도 장대하다. 꽃이 송이 그대로 툭 떨어진다. 혹자는 떨어지는 동백의 붉은 꽃송이가 나무들이 피를 흘리는 것 같다고 했고, 유치환은 시 〈동백꽃〉에서 '목 놓아 울던 청춘이 꽃 되어 소리 없이 피어난 청춘의 피꽃'이라고도 했으며, 어떤 이는 비정한 칼날 아래 떨어지는 아름다운 여인의 머리 같다고 했으니, 참담하고 비극적인 표현들이 땅을 벌겋게 덮은 동백 꽃송이마냥 무수하다.

그러나 동백은 생명의 꽃이다.

내 어머니는 단칸 다다미방에서도 작은 비닐 온실을 만들어 꽃을 피우셨다. 겨울이 가는 햇살에 동백 꽃송이가 툭 떨어지면 떨어진 꽃송이를 나뭇가지에 걸쳐 두셨다. 동백꽃은 떨어진 송이 그대로도 한참을 살아갔다.

노천명은 〈춘향〉이라는 시에서 "…춘향은 사랑을 위해 달게 형틀을 썼다 / 옥 안에서 그는 춘(椿)꽃보다 더 짙었다…"라고 쓰고 있는데, 춘(椿)꽃은 춘향의 일편

단심을 상징하는 동백꽃을 말한다.

알렉상드르 뒤마의 《춘희椿姬, La Dame aux camélias》는 동백꽃을 좋아하는 마르그리트의 사랑과 비극을 그렸다. 동백꽃 같은 붉은 피를 토하며 죽어간 마르그리트는 19세기 유럽 여인들의 선망의 대상이 되었다. 그리고 뒤마의 소설을 각색한 베르디의 오페라 〈라 트라비아타La Traviata〉에서 한 달 중 25일은 하얀 동백꽃을, 나머지 5일은 붉은 동백꽃을 머리에 꽂았던 비올레타는 유럽에서 동양에 이르기까지 그녀의 열풍을 몰아왔다. 이처럼 동백꽃은 낭만과 정열의 꽃으로도 상징되었다. 특히 '사랑과 정열'을 상징하는 붉은 동백은 사람의 본능에 호소하는 근원적인 생명의 색으로 해석한다.

동백나무가 많은 거문도에는 섣달 그믐날 저녁 뜨거운 물에 동백꽃을 우려 그 물로 목욕을 했던 풍습이 있다. 피부병이 생기지 않는다 하여 30년 전까지만 해

도 성행했던 풍습이었다.

한편 산신(産神)에게 행해지는 불도맞이 굿에도 동백꽃이 쓰인다. 산신인 삼신할망은 잉태의 영력이 있는 생불꽃을 두 손에 들고 분주히 돌아다니면서 인간에게 잉태와 분만을 시켜준다. 꽃이 생명의 씨가 되는 것이다. 불도맞이 제상에 제물 외에 동백꽃을 꽂은 사발을 두 개 따로 올리고 굿을 한다. 굿을 할 때 제상 위의 꽃사발을 떨리는 손으로 살짝 가져와 옷 속에 감추는 '꽃탐'과, 꽃을 훔친 심방('무당'의 제주 방언)이 제주에게 꽃을 사라고 말을 걸어 돈을 받고 꽃사발을 내어놓으며 잉태 여부와 아들, 딸을 예언하는 '꽃풀이'라는 의례가 있다. '꽃타러듦'이라는 연극적 의례에서도 꽃감관이 서천(西天) 꽃밭(서천 서역국의 성스러운 꽃밭)에 물을 주어 생명의 꽃을 키워내는데, 이때 동백꽃으로 꽃점을 친다. 이는 동백꽃을 생명의 씨로 상징하는 해학적이고 신화적인 해석으로 볼 수 있다.

| 동백꽃차 만들기 |

✿ 붉은 꽃송이가 수북이 쌓인 동백 숲에 서면 차마 발길을 돌릴 수 없다. 이때 떨어진 동백 꽃송이 하나씩 방향을 어긋나게 꿰어 꽃목걸이를 만들자. 그리고 동백꽃 목걸이를 목에 걸고 동백꽃차를 만들어 마시자.

관상용이나 공업용 외에 예로부터 식용과 약용으로 쓰이던 동백에는 지혈작용뿐 아니라 인후통을 진정시키는 효능이 있다. 동백꽃이 피기 직전에 봉오리를 따서 말린 산다화(山茶花)는 지혈제나 어혈 치료제로 쓰였다.

툭 떨어지는 동백꽃을 아쉬워만 할 게 아니라 한잔의 동백꽃차로 새봄의 풍류를 만끽하자. 꽃말처럼 '신중하고 허세를 부리지 않는' 새봄의 차로는 동백꽃차가 그만이다. '그대를 누구보다 사랑한다'는 또 하나의 꽃말처럼 동백꽃차 건네며 내 사랑까지 덤으로 고백하면 어떨까.

1. 마른 동백꽃차 만들기

동백 꽃잎은 점액이 많은 편이라 쉽게 마르지 않는다. 마르기 쉽고 맛과 향이 부드러운 겹동백이 마른 꽃차로 쓰기에 좋다.

① 꽃송이에서 꽃잎만 떼어 흐르는 물에 살짝 씻는다.
② 일주일 남짓 바람이 잘 통하는 그늘에서 말려 밀봉해 보관한다.

2. 저장용 동백꽃차 만들기

① 통꽃은 꽃잎이 대개 다섯에서 일곱 장이다. 통꽃의 꽃잎을 따서 깨끗이 손질한다.
② 꽃과 같은 양의 설탕에 재운 후 꿀을 붓는다.
③ 보름 정도 숙성시킨 후 다시 냉장 보관한다.

3. 동백꽃차 마시기

① 마른 동백 꽃잎 서너 장을 찻잔에 넣고, 끓인 물을 부은 후 2분 정도 지나 우려 마신다.
② 꿀에 재워 저장해둔 꽃잎 서너 장을 찻잔에 넣고, 끓인 물을 부은 후 2분 정도 지나 우려 마신다.

난의 영어 'Orchid'는 그리스어에서 유래한 명칭으로 난의 알뿌리가 남성의 고환과 닮았다는 데서 연상되었다. 셰익스피어가 《햄릿》에서 난을 'Long purples'라고 표현한 데에는 남근(男根)의 의미가 숨어 있고, 1590년대에는 자줏빛 난을 남근으로 완곡하게 나타내기도 하였다. 한편으로 몇몇 품종에서는 꽃이 요염하고 꽃받침이 여음(女陰)과 비슷해 여성을 표상하고 호화로움을 상징하기도 한다. 또한 난은 불모지에 생명을 수태시키고 생식력을 도우며, 아버지로서 남성의 자격을 보증하거나 여성을 표상하였다. 그리고 동양이나 서양에서 난꽃은 정신적인 완성이나 순결을 상징한다.

난꽃
키 : 30**센티미터**
꽃 : 2~4**월**
학명 : *Cymbidum* spp.

봄 꽃차여행

난꽃차

신의 향내 나는 숨결

새학기 첫 담임을 맡은 날이었다. 퇴근길까지 따라오는 긴장감에 잰걸음으로 집을 향하였다. 우리 집은 일제 강점기 때 소학교 관사로 쓰던 적산가옥(敵産家屋)이었다. 오래된 목조 가옥이라 나무 계단은 한 발짝 디딜 때마다 삐익 삑 첼로를 조율할 때 나는 육중한 소리를 냈고, 소리에도 연륜이 있다는 생각마저 들게 하였다. 내딛는 발에 리듬을 실어주던 계단으로 이층에 오르면 다다미 여남은 조 깔린 내 방이 있었다. 언니들이 시집간 뒤로 볏짚 냄새 도타운 방은 나 혼자의 세상이 되었고, 이따금 몇몇 친구에게도 청춘의 피안이 되곤 하였다.

그날도 집에 돌아와 곧장 2층 내 방으로 올랐다. 그런데 방문을 활짝 열고 들

어서는 나를 웬 향내가 막아서는 것이 아닌가. 다다미 볏짚 내음만 얕게 돌던 내 방에 낯설고 생경한 향내였다. 누군가가 숨어 있을 것 같은 색다른 긴장감이 들었다. 커튼을 살짝 걷어 젖히기도 했고, 붙박이장 문을 조심스레 열기도 했으며, 위로 밀어 올려야 열리는 일본식 창문도 문고리가 잘 걸려 있는지 다시 확인했는데, 아무 흔적이 없었다. 이토록 은근하고 내밀한 향이 대체 어디서 나는 걸까. 우리 엄마 코티분도 아니고, 목란꽃 향기 나는 큰언니가 다녀가지도 않았는데…. 학교에서부터 따르던 긴장감에 궁금증까지 고조되었다. 방 구석구석에 고르게 깔린 낯설고 신비로운 향기. 결코 농염하지도 않은, 먼 데서 들리는 종소리같이 은은하게 풍기는 향기를 좇아 눈길을 두었다.

그런데…. 생각지도 못했던 일이 나무기둥 아래서 일어나고 있었다. 몇 해 전 선물로 받았던 난이 꽃을 피운 것이었다. 몰래 찾아든 손님이 고요하게 앉아 있는 듯 서 있는 듯 숨이 턱 막히는 정경이었다. 참으로 기이하고 놀라워 "난이 꽃을 피웠다. 그것도 태어나 처음 듣는 향이다"라고 친구 몇에게 전화를 했더니, 그날 저녁 친구 열넷이, 심지어 몇은 목욕재계까지 하고 찾아와 난꽃을 가운데 두고 즉석 찻자리를 열었다.

난꽃 다회(茶會)를 가졌던 오래전 청춘의 일화지만, 본디 난은 까다롭다. 난에 물주는 요령을 터득하는 데 적어도 3년은 걸린다고 한다. 처음 1년은 썩혀서 죽이고, 2년째는 말려서 죽이고, 3년이 되어야 겨우 감을 잡을 뿐이라고들 하는데, 나의 난은 햇수커녕 주인의 무관심 속에 방치되고 있었던 것이다. 가끔 물 한 번 축여주는 것이 보살핌인 듯한 무심함 속에서도 꽃을 피우고 신비로운 향까지 건네주었던 난에 지금까지도 미안하고 고마울 따름이다.

나의 난 이야기를 조금 더 하자. 그 일이 있고 나서 난이 몇 화분 더 늘었고, 나도 관심을 가지고 돌보게 되었다. 식구가 늘어난 난분들을 너른 남창 앞으로 옮겼다. 그러고 나서 며칠 지나지 않은 달 밝은 가을밤이었다. 이런 밤에는 전등을 끄고 한 방 가득 들어앉은 달을 벗 삼아 차를 따르는 일이 혼기 꽉 찬 처녀의 취미였다. 그날 휘영청 밝은 달의 보름날, 사위가 잠든 삼경에 달빛이 다다미방을 큰 화폭으로 거침없이 난을 치는 것이 아닌가. 몇 잎은 댓잎같이 시원스레 뻗어나고, 몇 잎은 부드럽게 휘어지는…. 그림자에서조차 품격이 느껴지는 환상의 미학이었다. 이런 경이로운 일들을 겪은 후 가까이에서나 멀리서나 한결같은 농담의 난향을 신의 향원으로, 달빛에 살아나는 난 그림자를 수묵화의 최고봉으로 여기게 되었다.

향내를 맡는 것을 문향(聞香)이라고 한다. 그렇지만 난의 문향은 꽃에 코를 가까이 들이대며 후각에 의존하는 향내가 아니라 오감을 깨어나게 하는 먼 종소리와도 같다. 가까이에서나 멀리서나 눈을 감은 채 숨은 감각을 열어주는 낮은 소리로 들어야 할 '들을 문(聞) 향'의 난향이다.

난을 군자라 이른다. 정도전은 "난초는 그 본질의 됨됨이가 양기를 많이 타고 났으므로 그 향기로움의 덕을 군자에 비길 수 있다"고 하였고, 중국 《초사楚辭》의 〈이소離騷〉에는 "가을 난초를 꿰어 패물로 찬다"고 하였다. 청결한 덕을 가진 군자의 성품을 나타내기 위해 향낭을 패용하기 시작하면서 그런 의미를 지니게 되었다. 곧은 등과 가는 목 위로 피어난 꽃은 청초하고 기품 있으며, 향내 또한 한결같은 농담을 지니고 있어 난은 선비들의 깨끗한 삶의 이상이었다. 선비를 유곡란(幽谷蘭)이라고 말하는 것도 난을 군자와 대응시켜 그 인격체의 상징으로 인식한 것이다.

난(蘭)이란 단어는 기원전 6세기경 공자가 편찬했다고 전해지는 《시경詩經》에서부터 나타난다. 두 편의 시에 처음 등장하나, 그때는 군자의 이미지는 보이지 않

고 구애의 물표이거나 처녀의 아름다운 모습에 빗대는 표현 수단이었다. 공자의 언행이나 문인과의 문답 논의를 적은 〈공자가어孔子家語〉에는 난에 대한 이야기가 모두 세 번 나오는데, 이때 비로소 난이 군자의 격에 비유되었다. 이러한 군자에 비유되는 난의 이미지는 중국 전국시대 초나라의 굴원(屈原)을 거치며 문인과 묵객들 사이에 오르내리게 되었다.

그런데 오늘날 우리가 말하는 난과 그 시대에 이야기된 난이 식물학상 같은 종인지에 대해서는 회의적인 의견이 많다. 주희(朱熹)의 《초사변증楚辭辯證》에서는 식물의 종으로 볼 때 확실히 다르다고 하였고, 남송시대에 원예적인 재배가 크게 성행하기 전까지는 난이란 등골나물로 추정되기도 하였다. 중국의 송대에 이르러서야 오늘날의 난이 명칭을 찾게 되었다.

난은 드러난 모습만 고결한 것이 아니다. 일반적인 식물은 환경이 좋지 않으면 여린 새잎이 먼저 시들고 죽게 되지만, 난은 병해를 제외하고는 묵은 촉부터 차례로 죽는다. 잎이 지고 남은 벌브는 후손을 기르는 영양소가 되니 자식 사랑에 가슴이 찡하다. 그렇게 드러난 모습이나 본성에 충실한 삶은 여러 가지로 귀감이 되니 받들어 기를 난이다.

우리나라의 역사 속에서 난은 김수로왕이 인도 아유타의 공주 허황옥과 그 일행을 맞이할 때 난으로 만든 마실 것과 난으로 빚은 술을 대접했다는 《삼국유사》 〈가락국기駕洛國記〉의 기록에서 시작한다. 고려 중기 김부식의 《임진유감臨津有感》, 김극기의 《유감有感》을 비롯해 이규보가 난에 관해 지은 많은 시들과 조선 후기 김정희가 찾아 헤매다가 "한국에는 진란이 없다. 다만 그와 비슷한 것이 있을 뿐이다"라고 토로한 이야기 등이 있다.

고려 중기의 난에 관한 시구들은 향등골나물과 난의 구별이 확연하지 않다. 그렇지만 고려 말기 이제현이 지은 《역옹패설櫟翁稗說》에 "일찍이 여항(閭巷: 살림집이 많이 모여 있는 곳)에 객으로 머물러 있을 적에 어떤 사람이 난초를 화분에 심어서 선물로 주었다. 이것을 서안(書案) 위에 놓아두었는데, 한참 손님을 접대하고 일을 처리하는 동안에는 그 난초가 향기로운 줄을 몰랐다가 밤이 깊어 고요히 앉았노라니 달은 창 앞에 휘영청 밝고 그 향기가 코를 찌르는 듯해 맑고 그윽한 향기를 사랑할 만하고 말로써 표현할 수 없음을 느꼈다"는 구절이나, 어머니가 난초 화분을 깨뜨린 태몽을 꾸고 낳았기에 정몽주의 초명(初名)을 몽란(夢蘭)이라 지었다는 기록에 등장하는 난초는 오늘날의 난으로 추측된다.

우리나라에서 난을 재배하기 시작한 시기로 추정되는 고려 말기부터 난은 문인화의 소재로 쓰이게 되었고, 매화, 국화, 대나무와 함께 사군자(四君子)의 하나가 되었다. 조선 초기 강세황이 그린 〈필란도筆蘭圖〉는 난을 소재로 한 가장 오래된 작품이며, 추사의 〈묵란도墨蘭圖〉는 그림을 보는 사람의 손이 꿈틀거리게 하고 가슴을 뛰놀게 만드는 그야말로 신품이다. 한시에서는 난조(蘭藻 : 아름다운 글), 난질(蘭質 : 아름다운 인성 바탕), 난궁(蘭宮 : 아름다운 궁전) 등의 용어를 통상적으로 활용해 난초를 아름다운 것, 아름다운 여인의 상징으로 삼았다.

한편 지리산의 산신인 성모신(聖母神) 마야

고(摩耶姑) 신화에서는 변신・재생을 표상하고 있다. 마야고는 사랑하는 반야(般若)를 위해 옷을 만들고 기다렸다. 그런데 반야가 쇠별꽃밭으로 가버리자 화가 나서 그녀를 위해 만든 옷을 갈가리 찢어서 버렸다. 이때 마야고가 찢어 버린 옷의 실오라기들이 나무에 걸려 풍란이 되어 지리산에 서식하게 되었다고 한다. 충청북도 지방에는 "꿈에 대나무 위에 난이 자라면 자손이 번창하고, 난꽃이 피면 미인을 낳는다"고 하며, 꿈에 난을 보면 아들을 낳는다는 속신(俗信)이 전한다.

난은 굵은 암술 하나에 꽃가루 덩어리(花粉塊) 수술이 같이 있다. 암술 밑에서 꿀이 분비되므로 곤충이나 벌레에 의해 수정되면 한 송이 꽃에서 십만 개가 넘는 씨를 갖게 된다. 이렇게 식물학적 진화가 가장 빠른 난과식물은 사막 지역을 제외한 세계 곳곳에서 자생하며 심지어 극지방에까지 서식하는 것도 있다. 화훼식물 중에서 가장 다양하고 매혹적인 난은 원예학적 편의에 의해 크게 동양란, 서양란, 야생란으로 나눈다.

중국의 《본초경本草經》에 "난을 기르면 집안에 우환을 막아주고, 잎을 달인 차를 마시면 해독이 되며, 장복할 때 몸이 가벼워지고 노화현상이 없어진다"는 기록이 있다. 중부 이남의 도서지방에 집중해 자생하는 한국 춘란, 보춘화(報春花, *Cymbidium goeringii* (Rchb. f.))는 이른 봄의 꽃차로 독보적이다. 난꽃차는 운치를 중히 여기는 선비의 차요, 은은한 향내가 멀리서도 느껴지는 미인의 차다. 난은 수명을 다할 즈음 꽃모개미에 눈물처럼 투명한 점액을 동그랗게 맺는다. 이때 꽃송이를 살짝 떼어 생꽃차로 마시면 난의 말간 생이 내게로 옮겨옴을 느낄 수 있다. 한참 가는 은은한 향내는 그리 살 것 같은 희망으로 다가오는 난꽃차다.

| 난꽃차 만들기 |

✿ 난이 흔한 남부 해안지방에서는 꽃을 생으로 먹기도 하는데, 난꽃의 향이 담을 제거해 기침을 멈추게 하며 폐를 깨끗이 하는 작용을 한다. 난꽃차나 난꽃술(蘭酒)은 정신을 안정시키고 위를 튼튼하게 하며 신진대사를 회복시켜준다.
꽃대 하나에 한 송이 꽃이 피는 일경일화(一莖一花)인 보춘화에서 한 송이 겨우 피는 꽃을 선뜻 따기는 주저된다. 그런데 피는 건 어려워도 지는 건 잠깐인 다른 꽃에 비해 난은 고아한 자태로 거의 한 달 동안 꽃을 피운다. 꽃 모개미 아래에 동그란 점액이 맺히면 따서 꽃차로 만든다. 저절로 떨어진 꽃도 이내 찻잔에 띄우면 은은한 난향이 번진다. 그 향기로 인해 꽃말이 '우정'인 난꽃차는 혼자 즐기기보다 오랜 벗과 우정을 나눌 때 마시기에 좋은 차다. 옛날에는 남녀가 서로 만날 때 마음에 둔 사람에게 난을 선물하는 풍습이 있었다고 한다. 이렇게 아름다운 습속을 다시 복원하는 것은 어떨까. 사랑하는 사람에게, 그리고 정다운 벗에게 권하는 난꽃차다.

1. 난꽃 화차(花茶) 만들기

① 피기 직전이나 갓 피어난 난꽃 세 송이를 녹차 세 찻숟가락과 함께 비닐 랩에 싼다. (* 묵은 차를 난꽃 향이 밴 화차로 만들면 좋다.)
② 실온에서 하루 동안 두면 찻잎에 난향이 배게 된다.

2. 난꽃 저장하기

① 피기 직전인 난 꽃봉오리나 갓 피어난 난꽃을 따서 손질한다.
② 밀폐용 비닐주머니에 한 켜로 깔아 냉동시킨다.

3. 난꽃차 우리기 Ⅰ

① 난꽃 두세 송이를 찬물에 살짝 헹군다.
② 찻잔에 끓인 물을 붓고 헹군 꽃을 띄운 후 2분 정도 우려내 마신다.

4. 난꽃차 우리기 Ⅱ

① 녹차 한 찻숟가락을 찻주전자에 넣는다.
② 끓인 물을 분량만큼 찻주전자에 붓고 2분 정도 우려내 찻잔에 따른다.
③ 물에 살짝 헹군 난꽃을 ②의 찻잔에 띄운다.

5. 난꽃차 우리기 Ⅲ

난꽃 화차로 만든 차를 녹차 우려내듯하면 난향이 피어오르는 녹차가 된다.

6. 난꽃차 우리기 Ⅳ

찻잔에 끓인 물을 붓고 얼려 둔 난 꽃송이를 띄우면
꽃잎이 열리며 향이 피어난다.

매실나무라고도 하는 매화나무는 장미목 장미과의 낙엽소교목으로 중국 사천성이 원산지이며 한국, 중국, 일본, 대만 등에 분포한다. 꽃을 매화라고 하며, 열매를 매실이라고 한다. 높이 5~10미터의 나무로 껍질은 흰색, 초록빛을 띤 흰색, 붉은색 등 여러 가지 색이 있으며, 작은 가지는 잔털이 나거나 없다. 남부지방에서 3월, 중부지방에서 4월에 잎보다 먼저 피는 꽃이 연한 붉은색을 띠며 향기가 난다. 보통 매화를 흰색의 꽃으로 알고 있는 사람들이 많지만, 매화의 종류는 실로 다양하다.

매화
키 : 5~10미터
꽃 : 2~4월
학명 : *Prunus mume* Siebold & Zucc.

봄 꽃차여행
매화꽃차

문풍지 울리던 암향

매화는 수도자의 꽃이자 수행의 꽃이다.

겨울자리가 아직도 귓불을 얼리는 이른 봄 성당의 종탑 아래 매화나무가 꽃을 피웠다. 매화나무를 심었던 수녀님은 바닷바람 세찬 동해의 작은 성당으로 떠났고, 모진 겨울을 수행하듯 견디어낸 매화나무는 수녀님의 하얀 손길 같은 꽃잎을 달고 있었다.

지난 납월(臘月)에는 전남 순천 선암사 뜰에도 홍매(紅梅)가 피었다. 불가에선 석가모니가 깨달음을 얻은 음력 선달 초여드렛날을 기념해서 음력 선달을 납월이라 부른다. 한풍이 똬리를 트는 2월에 납월매 혹은 납매라 부르는 홍매가 가지마다 빨간 얼굴로 피어오른 것은 설핏 스치는 봄바람에도 지난겨울이 꽤나 매서웠음이라. 선암사 동안거(冬安居) 해제에 때를 맞춰 꽃잎도 꽃받침도 모두 홍색인 홍매가 핀 게다.

홍매가 지고 나니 백매(白梅)가 꽃망울을 터뜨리고, 설매(雪梅)인 백매가 피면 청매(青梅)가 이어 달리듯 핀다. 남녘 스님의 설매가 질 무렵에 서울 수녀님의 설매가 핀 것이다.

세상의 꽃들이 피기 전이라 매화의 암향(暗香)은 홀로 진하다.

"뼈에 사무치는 추위가 아닌들 어찌 매화 향기가 코를 찌르겠는가"라는 중국의 시구에서 보듯, 살벌했던 지난겨울의 추위에 매화 향이 더 깊고 그윽하였다.

수행 중에 쏟아지는 잠이 내리누르는 눈꺼풀 탓이라 여긴 달마는 눈꺼풀을 떼어 버리고 길을 떠났고, 수도자들은 고행 끝에 깨달음의 길에 이르듯 매화의 암향은 매서운 한파의 결실이다. 퍽이나 그윽하고 몽환적인 매화 향에 추위 푸념이 숙어들었다. 추워야 할 때는 추워야 한다.

《다경茶經》을 지은 육우가 중국의 다성(茶聖)이라면, 《동다송東茶頌》에서 조선의 차를 노래하고 다도를 정의한 초의선사는 우리나라의 다성이다. 현대 한국 차문화를 눈여겨본 중국의 차 애호가들이 '끽다래(喫茶來 : 차 한 잔 하러 오거라)'를 펼치던 금당 최규용 선생을 현대 한국의 다성으로 칭하곤 하였다. 생전에 100세 되는 해 청명(清明 : 4월 5일 무렵) 날 세상을 뜰 것이라고 공언했던 금당 선생은 과연 100세를 이루고 청명 일에 좌탈입망(坐脫立亡)하셨다.

평생 차를 곁에 두고 수행하듯 사신 금당 선생은 부산 송도 바닷바람이 문풍지를 울리는 날이면 매화차를 우려 주셨다. 꿈틀거리는 수형(樹形)이 금세 하늘로 오를 용과 같고, 이끼 덮인 나무 등걸이 수령을 가늠할 수 없는 범어사 고매(古梅)는 금당 선생의 풍류차 논객이었다. 고매에 매화가 벙글어질 때면 탐매(探梅) 풍류객

이던 금당 선생은 백매 몇 송이를 따와 금당다우(錦堂茶寓)를 찾는 이에게 암향 그윽한 매화차를 내어주셨다.

선생은 매화 봉오리를 핀셋으로 조심스레 집어 엷게 우린 녹차 잔에 살짝 띄우셨다. 매화 봉오리가 한 잎 한 잎 열리며 투명하게 피어났다. 막 피어나는 매화는 봄나비가 되어 둘러앉은 이들의 눈으로 코로 목 안으로 날아들었다. 암향은 또 어떠한가. 달착지근하게 달라붙는 향은 하냥 그윽해 송도 바닷바람도 문풍지를 연신 두들겨대며 풍류를 청하였다.

봄에 피는 꽃은 대개 노란 빛깔을 띤다. 그러나 매화 중에서도 백매는 봄꽃 중에서 가장 먼저 피는 하얀 꽃이다. 흰색은 고요하고 안정되며 평화로운 인고(忍苦)의 색으로 속(俗)을 떠난 은사(隱士)의 빛깔이다. 그리하여 백매는 수도자의 꽃이다. 성당의 종탑 아래 하얗게 피어난 매화가 침묵의 향기로 이끌고 있다.

매화는 흔히 백매나 청매를 이르지만, 매화 애호가들은 꽃의 색깔에 따라 크게 백매(白梅), 청매(青梅), 홍매(紅梅) 세 가지로 분류한다. 백매는 꽃잎이 하얗고 꽃받침이 팥죽색을 띠며, 청매는 하얀 꽃잎에 푸름한 기운이 도는 종으로 꽃받침이 녹색이다. 홍매는 꽃잎과 꽃받침이 모두 붉은색이다. 홍매 중에서도 붉은색이 유독 진한 매화는 흑매(黑梅)라고도 불린다. 다산 선생은 "천엽(千葉)이 단엽(單葉)만 못하고, 홍매(紅梅)가 백매(白梅)만 못하다. 반드시 백매 중에 꽃떨기가 크고 근대(根帶)가 거꾸로 된 것을 골라서 심어야 한다"라고 매화를 품평하였다.

섬진강 부근을 비롯해 군락을 이루는 매화는 대부분 외래종으로 국산 매화에 비해 수명이 짧고 향이 약한 편이다. 꽃에서 느껴지는 품격 또한 본래 우리 것에 비해 떨어진다는 평이다. 그래서 탐매가들은 수령이 150년을 넘긴 우리나라 고매(古梅)를 찾아 나선다.

매화는 늙어야 한다. 푸른 이끼가 낀 늙은 등걸이 용의 몸뚱어리처럼 뒤틀려 올라간 곳에 파리하게 성긴 가지가 군데군데 뻗고 그 위에 띄엄띄엄 몇 개씩 꽃이 피는 것이 품위가 있다. 그리고 매화는 어느 꽃보다 유덕한 암향이 좋다. 세상의 꽃들이 없는 눈 쌓인 뜰에 홀로 소리쳐 피는 꽃이 매화밖에 더 있을까.

옛 여인들은 쪽진 머리에 매화꽃을 새긴 비녀, '매화잠'을 꽂았다. 그리고 손가락에는 매화 무늬의 가락지를 꼈다. 옛사람들은 이런 매화를 '생각하며 피는 꽃'이라고 여겼다. 그리고 사람들의 마음을 맑고 깨끗하게 해주며 떨어지는 꽃잎 소리도 들을 수 있을 만큼 고요해야 향기를 맡을 수 있다 하여 매향(梅香)을 '귀로 듣는 향'이라고 하였다. 또한 꽃의 자태가 단아하고 그 고결함이 군자와도 같다 하여 선비들의 사랑을 듬뿍 받으며 난초, 국화, 대나무와 더불어 사군자로 일컬

었고, 소나무, 대나무와 함께 세한삼우(歲寒三友)에 들기도 한다. 또 매화와 대나무를 이아(二雅)로, 매화와 대나무와 소나무를 삼청(三淸)으로, 매화, 대나무, 난초, 국화, 연꽃을 오우(五友)로 부르기도 한다.

우리나라에 들어온 연대는 정확히 알 수 없으나, 다만 문헌상 《삼국사기》에 고구려 대무신왕(大武神王) 24년(41년)에 "매화꽃이 피었다"라는 최초의 기록이 있다. 매화를 일본말로 '우메(ウメ)'라고 하는데, 그 어원에 대한 몇 가지 설에서 우리말의 '매'에서 유래되었다는 설이 유력하다.

매화에 휘파람새가 붙어 다니는 것은 고려 때 한 도공의 전설로 전해진다. 고려 때 아름다운 그릇을 만드는 도공이 있었는데, 결혼 사흘 전에 약혼녀가 죽자 그는 실의에 빠져 더 이상 그릇을 만들지 못하게 되었다. 하루는 약혼녀의 무덤을 찾아간 도공이 무덤 옆에 돋아난 매화나무를 보게 되었다. 그는 이 나무를 뜰에 옮겨 심어 약혼녀를 대하듯 정성을 다하면서 자기가 죽으면 매화를 돌볼 사람이 없음을 한탄하였다. 그런데 한동안 도공의 집에 기척이 없자 마을 사람들이 찾아가 보니 도공은 죽어 있었고, 그 옆에 작은 그릇이 놓여 있었다. 그릇 뚜껑을 열었더니 작고 예쁜 새가 나와 매화나무로 날아가 앉아 슬피 울었다. 이 새는 도공이 휘파람새로 변한 넋이라고 전하는 매화의 애절한 전설이다. 지금도 휘파람새가 매화나무를 따르는 것은 약혼녀를 잊지 못한 도공이 매화나무를 그리워하기 때문이라고 한다.

매화의 효능은 무엇일까? 매화는 과실, 뿌리, 줄기, 잎, 꽃봉오리, 덜 익은 열매, 종자를 약으로 쓴다. 5월에 덜 익은 청매 열매를 따서 약한 불에 과육이 노르스름할 때까지 훈연시킨 후 다시 햇빛에 말리면 검게 변하는데, 이를 오매(烏梅)라 한다. 오매는 수렴(收斂), 지사(止瀉), 진해, 구충의 효능이 있어 한방에서 설사, 이질, 해수, 인후종통, 요혈(尿血), 혈변, 복통, 구충 등의 치료에 사용한다.

뿌리인 매근(梅根)은 몸과 팔다리가 마비되고 감각과 동작이 자유롭지 못한 병증인 풍비(風痺), 오랫동안 잘 낫지 않는 만성 이질(痢疾)이나 담낭염(膽囊炎), 나력을 치료한다. 이질이나 곽란에는 잎(梅葉)을 진하게 달여 복용한다. 월경이 없어지면 불에 쬐어 말린 잎을 가루로 내어 쓴다.

씨는 매인(梅仁)이라 하여 더위나 열을 내리게 하고, 눈을 밝게 하며, 가슴이 답답한 번조를 없애는 효능이 있다. 씨를 가루로 볶아 먹으면 멀미에 당장 효과를 본다. 열매를 소주에 담가 매실주를 만들고, 매실정과나 과자 및 매실 엑기스 등을 만들어 먹기도 한다.

| 매화꽃차 만들기 |

✿ 한방에서는 백매 꽃봉오리를 2~3월에 따서 햇볕에 말려 약으로 쓰는데, 비 오는 날씨에는 숯불로 건조한다. 꽃에 함유된 정유(精油)는 전신의 기를 원활하게 소통시키고, 위를 편안하게 하며, 가래를 삭이는 효능이 있다. 간이나 위를 통하게 하며 식욕부진이나 나른하고 힘이 없을 때 치료제로 쓰인다.
독성이 없는 매화는 맛은 약간 시다. 매화꽃차 향은 하도 그윽해 시름 잊고 잠시 속계를 떠나게 하니 향기 하나만으로도 천상의 꽃차다.

1. 마른 매화꽃차 만들기

① 매화 봉오리를 따서 깨끗하게 손질한다.
② 봉오리를 채반에 널어 바람이 통하는 그늘에서 말린다.
③ 그늘에서 말린 후 햇볕에 한 시간 정도 내어 말린다.
④ 잘 말린 매화를 밀봉해 냉장 보관한다.

2. 매화 꽃봉오리 냉동하기

① 매화 봉오리를 따서 손질한다.
② 손질한 후 지퍼 백에 얇게 펴서 냉동시킨다.

3. 저장용 매화꽃차 만들기

① 매화를 따서 손질한다.
② 깨끗이 손질한 매화를 쌓으면서 켜켜로 설탕을 뿌린다.
③ 2주일 간 저장 보관한다.

매화의 향은 강해서 실온에 보관해도 잘 변하지 않으나, 실내온도가 높은 곳에서는 냉장 보관을 해야 한다.

4. 매화꽃차 마시기

① 마른 매화 봉오리나 냉동시킨 매화 봉오리 두세 송이를 찻잔에 넣고 뜨거운 물을 부어 매화 꽃잎이 펴지는 것을 감상하며 천천히 마신다.
② 뜨겁게 우린 녹차를 따른 찻잔에 냉동 매화 봉오리를 띄우면 녹차의 향과 피어나는 매화의 암향이 절묘한 조화를 이루어낸다.

5. 기타 이용법

흰 쌀죽이 거의 다 쑤어질 때 깨끗이 씻은 매화 꽃잎을 넣어 만든 매화죽은 이른 봄 최고의 향취 깃든 별미다.

수선화는 백합과로 지중해 연안이 원산지이고 우리나라에선 제주도에 분포하는데, 주로 관상용이다. 수선화류는 세계적으로 약 60여 종 1만 8천 여 품종이 알려져 있는데, 부관(副冠)과 꽃잎의 길이를 기준으로 분류된다. '수선'이라는 말은 자라면서 물이 많이 필요해서 붙여진 이름이고, 물에 사는 신선이라는 의미를 갖는다. 풀잎은 가늘고 난초 잎같이 날렵하며 양파모양의 뿌리줄기를 가지고 있다. 12월에서 4월까지 옆을 향해 피는 꽃에 부화관은 금빛 술잔같이 생겼고, 밑에는 여섯 장의 백색 꽃잎이 있어서 이것을 금잔은대(金盞銀臺)라고 부르기도 한다.
한방에서는 꽃과 뿌리를 약으로 쓴다. 봄, 가을에 뿌리를 캐어 수염뿌리를 말끔히 없앤 후 잘 씻어 뜨거운 물에 담갔다가 세로로 가르고, 다시 잘게 잘라 햇볕에 말린다. 부스럼이나 종기에 짓찧어서 환부에 바른다.

수선화
키 : 40**센티미터**
꽃 : 12~4**월**
학명 : *Narcissus tazetta* L. var. *chinensis* Roemer

봄 꽃차여행
수선화꽃차

외로움을 견디는 금잔은대

"외로울 때는 어찌 해야 하나요?"

몇 년 전 군에 간 제자가 보내온 편지 몇 장에 구절마다 외로움이 내리고 있었다. 무어라 답을 보내야 외로운 제자에게 힘을 실어줄 것인지 편지지를 펼쳐놓고도 한참 동안 쓰지 못했다. 마침 그 즈음 정호승 시인의 〈수선화에게〉가 회자될 때라 시인의 말을 빌려 '외로우니까 사람이다'라고 첫머리를 썼다. 외로우니까 사람이란다. 하느님도 외로워 눈물을 흘리시는데 하물며 사람인데, 사람은 마땅히 외로워야 하지 않겠니. 지는 햇살에 긴 그림자 늘이던 나무도 가끔은 외로워 파르르 떨더라. 외로움도 겪어야 사는 일이 깊어지더구나. 그리고 '외로우면 차를 마시고 그리우면

천리포 수목원

편지를 쓰자'는 추신을 붙여 답장을 보냈다.

시인의 〈수선화에게〉는 '비가 내리면 하느님이 외롭구나. 집으로 돌아가는 길에 깔리는 어스름도 외로워 발자국을 붙드는구나'라는 위안을 주었다. 외롭지 않은 사람이 어디 있는가. 창 밖에 나뭇잎도 외로워서 저렇듯 흔들거리는데….

겨울이 언저리에 머무는 천리포 수목원 수생식물원과 습지원 연못가에는 나르시시즘에 젖은 수선화 무리가 피어나고 있었다. 수선화의 학명(*Narcissus tazetta* L. var. *chinensis* Roemer)에서 비롯된 속명 나르키수스(Narcissus)는 그리스 신화에서 유래한다. '자기주의'나 '자기애'란 꽃말 역시 나르키수스의 신화에서 비롯되었다. 미소년 나르시스가 물속에 비친 자신의 아름다운 얼굴에 반하고 사랑하게 되어 끝내 연못에 빠져 죽었는데, 거기서 수선화가 피었다는 전설이다. 다음의 전설은 파우사니아스의 〈그리스 이야기〉에 나오는 내용으로 오히려 교훈적이며 고대 신화에 더 가깝다.

아메이니아스라는 청년이 나르키수스를 사랑하였지만, 나르키수스는 그를 냉대하였다. 어느 날 나르키수스가 아메이니아스에게 칼을 선물하였다. 그런데 아메이니아스는 나르키수스 앞에서 그도 짝사랑의 고통을 알게 되길 바라면서 선물 받은 칼로 자살하였다. 시간이 흘러 나르키수스는 우연히 연못에 비친 아름다운 사내에 반해 그를 사랑하게 되었다. 점점 사랑에 빠져 하루는 입맞춤을 하려다가 물에 비친 모습이 바로 자신이라는 것을 알아차리고 그 역시 슬픔에 빠져 연못에 몸을 던지고 말았다. 그가 죽은 자리에서 꽃이 피어난 것이 바로 수선화다. '자기도취'라고 번역되는 나르시시즘(narcissism)은 여기서 유래하는 말이다.

세상에는 네 종류의 신선이 있는데 인선(人仙), 지선(地仙), 천선(天仙) 그리고 수선(水仙)이다. 천선은 하늘에 살고, 지선은 땅에 살며, 수선은 물에 산다. 그러니까

수선화(水仙花)란 물에 사는 신선 같은 꽃으로, 물의 맑고 신선한 이미지 때문에 붙여진 이름이 아닐까.

그리스 신화에서부터 세상에 알려진 수선화는 기원전 1500년경의 그리스 유적에 벽화로 남아 있고, 고대 그리스 사원을 장식하거나 장례용 꽃으로도 썼다. 마호메트도 수선화에 마음을 앗긴 모양인데, 코란의 경구에 "두 조각의 빵을 가진 자는 그 한 조각을 수선화와 맞바꿔라. 빵은 육체의 양식이나 수선화는 마음의 양식이다"라며 자만을 경계하라는 의미의 꽃으로 수선화를 부각시켰다. 호메로스는 "불사의 신들에게도, 죽을 운명을 타고난 인간들에게도 놀라울 만큼 찬란한 빛과 고귀한 모습을 보여주는 꽃이여"로 노래하였다.

우리나라에서 사계절 따뜻한 제주도는 수선화로 이름난 남국이다. 조선 후기에 서유구가 《금화경독기金華耕讀記》에서 "우리나라는 예부터 수선화가 없다. 근

래 들어서야 비로소 중국 시장에서 구입해 온 것이 있다. 호사가들이 이따금 뿌리를 나누어 화분에 얹어 서안(書案)에 놓아두고 기이한 감상거리로 뽐낸다. 하지만 값이 비싸서 경제적 여유가 없으면 능히 할 수가 없다"라고 말한 것은 제주의 고유한 수선화를 보지 못하고 우리나라에는 본래 수선화가 없다는 속단을 내리게 된 것 같다.

제주도에서 10년 동안 유배생활을 한 추사(秋史)가 권돈인에게 보낸 편지 중에 "수선화는 과연 천하에 큰 구경거리더군요. 중국의 강남 지역은 어떠한지 모르겠습니다만 제주도에는 모든 마을마다 조그만 남는 땅만 있으면 이 수선화를 심지 않은 데가 없습니다"라는 대목이 있다. 덧붙여 제주도에서는 수선화가 하도 흔하다 보니 제주도 사람들은 이 꽃을 귀하게 여기지 않았을 뿐 아니라 쇠풀이나 말꼴로 베어내곤 했는데, 아무리 베어내도 보리밭 같은 데서 다시 돋아나기 때문에 시골 아이들과 농부들은 수선화를 원수처럼 여긴다고 하였다. 그리고 추사는 1월 말에서 2월 초에 피기 시작한 수선화가 3월이 되어 산과 들, 논둑 밭둑 할 것 없이 온통 가득히 피어나 희게 퍼진 구름 같고, 새로 내린 봄눈 같다고 찬탄하였다.

| 수선화꽃차 만들기 |

✿ "향기만 가지고 말한다면 난보다 웃길로 치고 싶은 것이 두 가지 있는데, 하나는 목서(木犀)이고, 다른 하나는 수선화다"라는 린위탕(林語堂)의 말이 아니어도 수선화는 청순한 자태뿐 아니라 향기 또한 매우 맑고 그윽하다.

신선한 수선화 꽃에 0.2~0.45퍼센트 함유된 정유의 향기 성분은 풍을 거두고, 여성의 번열증을 없애주며 기운을 나게 한다. 특히 부인의 자궁병이나 월경불순 치료제, 백일해, 천식, 구토에 쓴다. 생즙을 갈아 부스럼을 치료하고, 달여 먹기도 하며, 잘 말린 후 가루로 내어 쓰기도 한다.

1. 마른 수선화꽃차 만들기

① 수선화 꽃봉오리를 따서 흐르는 물에 살짝 씻는다.
② 물기를 거둔 수선화 꽃봉오리를 그늘에서 말린다.
③ 마른 수선화 꽃봉오리를 햇볕 좋은 날 바람 통하는 볕에서 한 시간 정도 바짝 말린다. 이때 온돌에서 말려도 된다.

2. 저장용 수선화꽃차 만들기

① 수선화 꽃봉오리를 따서 깨끗이 손질한다.
② 켜켜로 쌓고 설탕을 뿌리고 나중에 꿀을 끼얹어 재운다.
③ 2주일 정도 실온에서 숙성시킨 후 냉장 보관한다.

3. 수선화꽃차 마시기

① 찻잔에 끓인 물을 120ml를 붓고 그 위에 마른 수선화 꽃봉오리 하나를 띄워 2분간 우려 마신다.
② 설탕에 재운 꽃봉오리를 즙과 함께 찻잔에 넣고 분량의 끓인 물을 부어 2분간 우려 마시면 달콤하고 향기롭다.

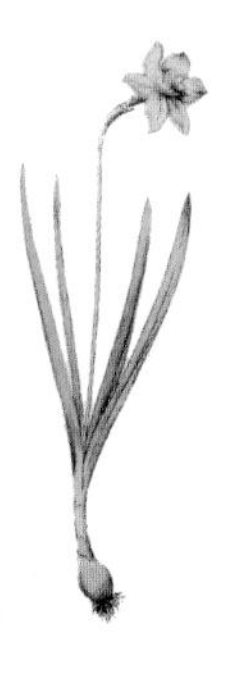

산수유나무는 진달래, 개나리, 벚꽃보다 먼저 꽃을 피우는 그야말로 봄의 전령사다. 초봄 화사한 황금색 꽃이 보름간 계속 피고, 여름에는 큰 그늘을 만들며, 가을에 익은 진주홍색 열매가 겨우내 달려 있는 아름다운 관상수로 꼽힌다. 중국으로부터 들여와 심은 것으로 알려졌으나, 1970년에 광릉 지역에서 자생지가 발견되어 우리나라 자생종임이 밝혀진 약용수이다. 본래 이름은 '오유'였으며, 지금도 중국의 한방에선 그대로 부르고 있다. 또한 '오수유'라는 이름도 있는데, 이는 1500년 전 중국 춘추전국시대의 오나라가 산수유나무를 특화시킨 데서 비롯된 것이다.

산수유
키 : 7미터
꽃 : 3~4월
학명 : *Cornus officinalis* Siebold & Zucc.

봄 꽃차여행

산수유꽃차

햇살이 뿌린 노란 별꽃

옛날 어느 산골 마을에 앓아 누운 아버지와 소녀가 살고 있었다. 아버지의 병이 깊어지자 어린 소녀는 약을 구하러 깊은 산골짜기를 헤매고 다녔다. 그러다 산신령을 만나게 되었는데, 산신령은 자기에 관한 이야기를 다른 사람들에게 절대 하지 말라고 하고는 묘약이라며 열매 몇 개를 주었다. 산신령이 준 열매를 아버지에게 먹이니 신기하게도 아버지의 병이 다 나았다. '아버지에게 말하는 것은 괜찮겠지'라고 생각한 소녀는 사실 모두를 아버지에게 털어놓았다.

그러나 아버지는 이 사실을 마을 사람들에게 소문을 냈다. 마을 사람들은 산신령을 찾아다니기 시작하였고, 산은 이리저리 사람들에게 짓밟히고 망쳐지게 되

었다. 그러자 산신령은 노하였고, 산사태가 일어나 부녀가 사는 집을 덮쳐버렸다.

죽음의 위기에 처하게 되자 아버지는 뉘우치며 "내가 죽을 테니 우리 딸만은 살려주오" 하고 신령께 기도를 하였다. 아버지의 간절한 기도대로 아버지만 죽었고, 딸은 살아났다. 이제는 딸이 또 아버지를 살려달라고 기도로 간청을 하였다. 이에 감동한 산신령은 꿈에 나타나 "내가 가르쳐주는 장소로 찾아가면 빨간 열매가 달린 나무가 있을 것이다. 그 열매를 죽은 아비의 입에 넣어주면 다시 살아날 것이다"라고 일러주었다. 산신령이 꿈에서 가르쳐준 대로 찾아가니 과연 빨간 열매가 달린 나무가 있었다. 소녀가 얼른 그 열매를 따다가 아버지의 입에 넣어주었더니 아버지가 다시 살아나게 되었다는 전설이다. 여기서 빨간 열매는 바로 산수유나무 열매다.

지난 겨우내 안으로 안으로만 모아둔 햇살
폭죽처럼 터트리며 피어난
노란 산수유 꽃 널 보며 마음 처연하다.

_박남준, 〈산수유 꽃나락〉

어두운 방 안엔
바알간 숯불이 피고,

외로이 늙으신 할머니가
애처로이 잦아드는 어린 목숨을 지키고 계시었다.

이윽고 눈 속을
아버지가 약(藥)을 가지고 돌아오시었다.

아, 아버지가 눈을 헤치고 따오신
그 붉은 산수유 열매—

나는 한 마리 어린 짐승,
젊은 아버지의 서느런 옷자락에
열(熱)로 상기한 볼을 말없이 부비는 것이었다.

이따금 뒷문을 눈이 치고 있었다.
그날 밤이 어쩌면 성탄제의 밤이었을지도 모른다.

어느새 나도
그때의 아버지만큼 나이를 먹었다.

옛것이란 거의 찾아볼 길 없는
성탄제 가까운 도시에는
이제 반가운 그 옛날의 것이 내리는데,

서러운 서른 살, 나의 이마에
불현듯 아버지의 서느런 옷자락을 느끼는 것은,

눈 속에 따오신 산수유 붉은 알알이
아직도 내 혈액(血液) 속에 녹아 흐르는 까닭일까.

– 김종길, 〈성탄제〉

김종길 시인의 〈성탄제〉는 고열에 약효가 있는 산수유 열매가 중심에 있다. 열에 시달리는 어린것을 위해 산수유 열매를 찾아 눈 덮인 산을 헤매셨을 아버지의 초조한 발걸음이 짠하다. 눈 속을 헤치고 따오신 산수유 붉은 열매는 탄생의 축복과 거룩한 생명을 곡진하게 바라는 붉은 빛으로 생을 치유하는 빛깔이다.

하얀 쌀밥이 맛있는 이천 마을에 노란 꽃별이 내렸다. 산골짜기에 얼음이 풀리고 아지랑이 막 피어오르는 이른 봄에 말간 햇살이 빨간 양철 지붕에, 초가집 담벼락에, 기와집 돌담에 노란 별꽃으로 머물렀다. 뾰족이 돋아나는 마늘밭에 구부린 할머니 등에도 노란 별꽃 아기가 업혔다. 밭고랑에도, 고샅길 넘어 둔덕을 스치는 박새소리에도 작고 노란 별꽃이 날아올랐다.

동서울터미널에서 이천행 버스를 타고 이천터미널에서 내려 백사면 현방리로 가는 버스로 갈아타고 달리면 노란 별꽃 아기씨들이 마중 나온다. 이천 백사면 도립리, 송말리, 경사리, 조읍리 등 원적산 기슭에 수령 100년 이상 된 산수유 자생 군락지가 논둑, 밭둑, 집 주변에 숨은 그림 찾기 하듯 흩어져 있다. 나무들이 헐벗은 이른 봄에 햇살이 뿌린 씨앗이 눈을 틔운 마을이다. 차조알처럼 자잘하게 달린 노란 별꽃 산수유꽃이 가을에는 빨간 열매 온 마을을 감싸는 산수유 마을이다. 마을에선 산수유나무를 선비들이 심기 시작했다는 유래로부터 산수유꽃을 선비꽃이라고도 부른다. 마을 사람들이 산수유나무를 돌보기보다 산수유나무가 마을 사람들을 꾸려 가는 가장 같은 수세(樹勢)다.

토심이 깊고 비옥한 곳에서 잘 자라는 산수유나무는 햇볕을 좋아하나 음지에서도 꽃을 피우고 열매를 맺으며, 공해에는 약한 편이지만 추위에 강하고 옮겨 심어도 잘 자란다. 꽃은 지름 4~5밀리미터의 황색 꽃이 산형꽃차례로 20~30개씩 달린다. 노랗고 작은 꽃이 비슷하게 생겨 가끔 녹나무과의 생강나무와 혼동하지만 서로 다른 나무다. 야산에서 많이 볼 수 있는 생강나무는 가지나 잎을 꺾어 비벼 냄새를 맡으면 생강 냄새가 난다 해서 붙여진 이름이다.

산수유나무는 약용으로 집 주변에 많이 심어왔는데, 깊은 산 외딴 곳에서 산수유나무를 만나게 되면 오래전 근처에 민가가 있었다고 볼 수 있다. 전북 구례가 주산지로 산동면과 산내면 일대는 특산지를 형성하고, 경북 의성과 경기 이천에도 산지를 이룬다.

심은 지 5년이 지나면 열매가 달리기 시작하여 20~80년 수명 동안 열매를 수확한다. 과육을 산수유(山茱萸)라 하는데, 검붉게 익은 산수유의 과실을 10월부터 11월에 채취하여 햇빛에 말리거나 온돌방에서 사나흘 건조시키면 약간 마른 상태가 된다. 이때 과실의 한 쪽을 손으로 눌러 씨를 발라낸 과육을 햇볕에 널어 말려 약으로 쓴다.

한방의 기록으로 《동의보감》이나 《향약집성방》에 의하면 강음(强陰), 신정(腎精)과 신기(腎氣) 보강, 수렴 등의 효능이 있다고 한다. 또한 두통, 이명, 해수병, 해열, 월경 과다 등에 약재로 쓰이며, 식은땀, 야뇨증 등의 민간요법에도 사용되었고, 지한(止汗), 보음(補陰) 등의 효과가 있다. 최근 한의학계에서 스트레스에 의해서 생기는 독성을 예방하는 데 산수유의 기능이 뛰어나다는 논문이 발표되기도 하였다. 차나 술로 장복하며 환으로 빚거나 가루 내어 복용한다.

생강나무

| 산수유꽃차 만들기 |

✿ 모 식품회사의 '남자한테 참 좋은데, 남자한테 정말 좋은데…'라는 광고 카피로 희화되면서 사람들 입에 더 오르내리게 된 산수유의 기능이다. 그런데 남자한테만 좋은 걸까. 체력을 구성하는 여러 요소 중 특히 지구력에 가까운 의미를 갖는 스태미너가 남자한테만 필요한 것인가. 산수유는 여자한테도 정말 좋다.
몸을 보하는 자양강장, 귀를 밝게 하는 기능과 식은 땀, 야뇨증. 그리고 항암・항균 작용까지 밝혀진 산수유는 기미나 주근깨 등의 과색소성 병변에도 효능이 있다는 학계의 보고가 쏙쏙 올라오는 중이다. 더구나 대부분의 여자들에게는 따뜻한 성질의 식품이 필요하다. 산수유는 꽃의 성질이 따뜻하기에 몸을 따뜻하게 하는 데 이롭다. 환하고 예쁜 산수유 꽃차는 그래서 정말 좋다.

1. 마른 산수유꽃차 만들기

① 막 피어오른 산수유 꽃봉오리를 칼로 채취해 손질한다.
② 소금물에 살짝 흔들어 씻어 물기를 거둔다.
③ 바람 통하는 그늘에서 말린 후 용기에 넣어 보관한다.

2. 산수유꽃차 마시기

① 찻잔에 끓인 물 120ml를 붓는다.
② 그 위에 마른 산수유꽃 세 송이를 띄운다.
③ 2분간 우려내어 마시면 약간 신맛이 난다.

3. 기타 이용법

한방에서는 녹차가 몸을 냉(冷)하게 한다고 한다. 녹차의 찬 성질이 우려 될 때는 녹차에 산수유 열매를 함께 넣고 뜨거운 물에 우려 마시면 좋다.

개나리는 물푸레나무과에 속하는 낙엽관목으로 한국의 특산식물이다. 음지나 양지, 춥고 마른 땅에서도 잘 견디며, 공해와 염기에도 강하여 어느 지역에서나 어떤 토양에서도 적응을 잘한다. 16~30℃에서 자라기 좋으나 −20℃ 이하에서도 겨울나기를 하며, 35℃ 이상에서도 잘 견디는 생명력이 으뜸인 식물이다. 망춘(望春) · 연교(連翹) · 영춘(迎春)으로도 불리는 개나리는 금강산, 구월산, 설악산에서 자생하는 '만리화', 황해도 장수산에서 자생하는 '장수만리화', 북한산에서 자생하는 '산개나리' 등의 품종이 있다.

개나리
키 : 3~6미터
꽃 : 3~4월
학명 : *Forsythia koreana* (Rehder) Nakai

봄 꽃차여행
개나리꽃차

그래, 희망이다

산에서 제일 먼저 피는 꽃은 생강나무 꽃이고, 들에서 제일 먼저 피는 꽃은 유채꽃이며, 울안에서 제일 먼저 피는 꽃은 개나리라고 했다. 그런데 꽃에 관심이 없는 사람도 노란색 꽃은 죄다 개나리로 알고 있을 정도로 개나리는 사철 노란색의 대표 꽃이다.

1950년대에 무궁화가 나라꽃으로 마땅치 않으니 다른 꽃으로 바꿔야 한다는 여론이 일었을 때 주요한은 개나리를 국화로 해야 한다고 주장하였다. 원산지도 우리나라이고 충해도 입지 않는 강인한 개나리는 전국에 걸쳐 있는 꽃이어서 우리와 친숙한 꽃이라는 이유에서였다.

일제 강점기 어느 날 월남 이상재 선생이 종로 YMCA에서 열린 애국집회에 갔을 때였다. 장내를 쓰윽 둘러본 선생은 먼데를 바라보는 척하며 말했다. “어허, 개나리가 만발했군!” 그러자 장내에서 폭소가 터졌다. 당시 일본 형사를 ‘개’라 하였고, 순경을 ‘나리’라고 불렀던 은어로 개나리에 빗댄 것인데, 집회장 곳곳에 일본 형사가 있었기 때문이다. 물론 이런 비유가 개나리에게는 불명예스럽지만, 개나리는 그만큼 우리에게 쉽고 가까운 이름이었다.

옛날 인도의 한 공주가 새를 무척 사랑했다. 공주를 위해 새를 잡아다 바치는 일로 나라 일이 문란해질 지경에 이르렀는데도 공주는 예쁜 새와 함께 살아야 행복했다. 그런데 공주는 세상에서 가장 아름다운 새를 위해 새장 하나를 비워두었다. 하루는 그 새장에 들어갈 새를 구할 수 있다면 다른 새는 모두 날려 보내겠다고 선언했다. 소문을 듣고 한 노인이 지금까지 보지 못한 아름다운 새를 가지고 왔다. 그 새는 공주의 마음을 사로잡았고, 공주는 약속대로 다른 새를 전부 날려 보냈다.

그런데 이 새는 날이 갈수록 흉하게 변해갔고, 소리도 이상해졌다. 공주는 ‘목욕을 시키면 다시 아름다워지겠지’라고 기대하며 새를 깨끗이 목욕시켰다. 그런데 세상에서 둘도 없이 아름답던 새가 목욕을 시키니 까마귀로 변해버렸고, 목에서는 호루라기가 튀어나왔다. 물감을 칠한 까마귀에 속은 것을 안 공주는 화가 치밀어 그만 화병이 나고 말았다. 그러다가 얼마 후 공주는 그만 죽게 되었다. 까마귀에게 빼앗긴 아름다운 새장이 아까워 성질이 치밀어 오른 공주의 넋이 가지를 하늘 높이까지 뻗게 하고, 금빛 장식을 붙인 새장과 같이 생긴 개나리가 되었다는 전설이 내려온다.

한의학에서는 개나리의 열매를 연교라 하여 과실이 익기 시작할 때 채취하여 잘 쪄서 햇볕에 말리거나 완숙한 열매를 따서 햇볕에 말린 것을 달여 해독이나 여드름, 종기 등의 염증성 질환 치료제로 쓴다. 뿌리인 연교근(連翹根)은 열로 신체가 황색이 되기 시작하는 증상을 치료한다. 줄기와 잎인 연교경엽(連翹莖葉)은 폐를 맑게 하고 열을 다스리는 데 약용한다. 꽃은 4개로 갈라진 꽃받침에서 중간부터 갈라지는 4개의 종 모양이다. 향기가 특별하지는 않지만, 당뇨에 효과가 있고 소변을 쉬 나가게 한다. 영어 이름은 개나리꽃의 종 모양을 따른 Korean Golden-bell이다.

| 개나리꽃차 만들기 |

✿ 텔레비전의 한 프로그램에서 골든벨은 지식의 창고를 두들기는 종이다. 그런데 우리나라의 골든벨(Korean Golden-bell)은 개나리다. 개나리는 희망을 품게 하는 종이다. 긴 가지에 조롱조롱 열린 노란 종은 소리가 없기에 외려 더 큰 희망을 틔운다. 꽃말이 희망인 개나리꽃차 한잔 삶에 지친 이에게 살며시 건네는 일은 생명을 나누는 일이 될 것이다.

1. 마른 개나리꽃차 만들기

① 개나리 꽃송이를 따서 손질한다.
② 바람이 잘 통하는 그늘에서 말린다.
③ 밀폐 용기에 넣어 보관한다.

2. 저장용 개나리꽃차 만들기

① 개나리 꽃송이를 따서 손질한다.
② 손질한 개나리 꽃송이를 켜켜로 담으면서 설탕을 뿌린다.
③ 2주일 정도 숙성시킨 후 냉장 보관한다.

3. 개나리꽃차 마시기 Ⅰ

① 끓인 물 120ml를 찻잔에 붓는다.
② 찻잔에 마른 개나리 서너 송이를 띄운 후, 2분간 우려내어 마신다.

4. 개나리꽃차 마시기 Ⅱ

① 저장용 개나리 꽃송이와 즙 한 숟가락을 찻잔에 넣는다.
② 끓인 물 120ml를 붓고 2분간 우린 후 마신다.

원산지가 한국인 진달래는 꽃이 4월 초순경 잎이 나기 전 가지 끝에서 1개씩 혹은 2~5개가 모여 달리며 깔때기 모양으로 5개로 갈라져 피어난다. 3~4.5센티미터의 크기로 자홍색 또는 연한 홍색이고 겉에 잔털이 있다. 10개의 수술은 기부에 털이 있고, 암술대가 수술보다 길다. 꽃과 뿌리, 줄기나 잎을 백화영산홍(白花映山紅)이라 하여 약용한다. 뿌리는 9~10월에 채취하여 그대로 햇볕에 말려 사용하였다. 유사종으로 흰진달래, 털진달래, 왕진달래, 한라산 진달래가 있다.

진달래
키 : 2~3미터
꽃 : 4~5월
학명 : *Rhododendron mucronulatum* var. mucronulatum

봄 꽃차여행

진달래꽃차

선녀가 벗어 둔 자주 날개

크레파스로 그림을 그리기 시작할 때 세상의 모든 산은 초록이었다. 가을이 되어 물들어가는 단풍은 울긋불긋 덧칠로 나타냈고, 눈이 내린 겨울엔 하얀색을 살짝 겹쳐 칠할 뿐 산의 몸은 언제나 초록이었다. 세상의 산들이 여린 초록으로 몸을 부풀리는 4월에 강화도 3대 명산 중 하나인 고려산에 올랐다. 강화도 고인돌 광장에서 백련사까지 내처 이어지는 아스팔트 도로변에 하나 둘 핀 진달래는 감질났고, 진달래 온 산을 그린 벽화는 기대감만 부풀렸다. 숨이 턱에 차는 가파른 산길을 올라 고려산 구부능선에 이르자 등줄기에 바람이 스치더니 신천지가 눈앞에 펼쳐졌다.

고려산은 산색(山色)의 통념을 깼다. 밝은 자주(紫紬)로 온몸을 휘감고 금세 날아오를 고려산은 봄의 가운데에 서 있었다. 미처 오르지 못한 선녀의 비단 날개가 온 산을 덮고 있었다. 진달래 꽃잎은 흩날리고, 사뿐히 지르밟는 발바닥으로 붉은 꽃물이 거슬러 올랐다. 몸이 열리고 실핏줄까지 비집고 물드는 자주색. 이제 밝은 자줏빛 하나만이 나의 색감이 되었고, 진달래의 들숨날숨이 나의 숨결이 되었다.

고구려 장수왕 4년, 인도의 천축조사가 가람터를 찾는데, 고려산 꼭대기에 피어 있는 오색 연꽃을 썼다. 연꽃을 부처의 마음으로 날려 보낸 후 떨어진 데를 찾아가 꽃의 색에 따라 백련사, 흑련사, 적련사, 황련사, 청련사라는 오련사(五蓮寺)를 세웠다. 고려산 북쪽에서 태어난 고구려 대막리지 연개소문은 치마대(馳馬臺)에서 군사 훈련을 했고, 산속 오련지(五蓮池)에서 말의 물을 먹였다고 한다. 그런데 아끼는 명마를 시험하려다 자신의 실수로 죽인 것을 후회하여 말의 무덤을 만들어주었다는 이야기도 전해오고 있다.

고려산은 본디 오련산(五蓮山)이었다. 고려가 몽고 침입 때 강화로 천도하면서 고

려산으로 이름을 바꾸어 지금에 이르고 있다. 해발 436미터의 정상에서 능선 북사면을 따라 낙조봉까지 십리 능원 20만 평을 진달래가 덮고 있는 고려산은 봄에서야 제 본색을 드러낸다. 지르밟는 데로 진달래 꽃물이 드는 고려산이다. 그리고 고려산에는 여기에서만 이루어지는 풍류 '여의화장(如意花杖)'이 전해온다. 진달래 가지로 꽃방망이를 만들어 앞서가는 여인의 등을 치면 사랑에 빠지고, 선비의 머리를 치면 그가 장원급제한다 하니 큐피드의 화살이나 삼천배 기원보다 훨씬 격조 있는 풍류놀음이 아닌가.

봄이면 불길처럼 온 산에 붉게 번지는 진달래는 한국 대표의 꽃이다. 나보기가 역겨워 가실 때 사뿐히 즈려밟고 가라고 진달래꽃 아름 따다 뿌리던 김소월의 대표적 명시를 비롯해 뭇 사람들의 시와 노래에 한국적 소재가 풍부한 이야깃거리로 등장하는 꽃이다.

그런데 눈으로 보는 아름다움뿐 아니라 식용이나 약용으로도 대표적인 꽃이다. 진달래는 옛날 보릿고개 때 허기를 달래주던 식용꽃으로 꽃잎을 생으로 먹는 것으로 가장 많이 알려졌다. 약간의 신맛이 나는 꽃더미를 먹은 아이들의 입술은 꽃잎 물이 들어 파랬고, 허기진 배를 꽃으로 채우다 배앓이 하던 슬픈 그리움의

진달래다. 예로부터 우리나라에서는 먹을 수 있는 식물에 '참' 자를 붙이고 먹지 못하는 것에는 '개' 자를 붙였는데, 진달래는 먹을 수 있어 '참꽃'이라 부른 반면, 철쭉은 먹지 못한다고 해서 '개꽃'이라고 불렀다.

한편 사시사철 바쁜 요즈음과 달리 농한기에는 일감이 없어 산에 가서 땔나무를 하는 것이 고작이던 시절, 나무를 한 짐 얹은 지게에 참꽃 한 아름 꺾어다 꽂고 집으로 돌아와 부인에게 주었다. 이렇게 좋아하는 사람에게 꽃을 바치는 낭만은 우리 민족에게도 예부터 내려오는 풍습이었다. 그리고 붉은색은 양(陽)의 색으로 음(陰)을 몰아내는 주력(呪力)이 있어 붉은색의 꽃에 악을 쫓는 주술력이 있다고 믿었다. 지금도 시골에서는 진달래를 꺾어다 부엌이나 마루기둥에 꽂아 한 해의 무병을 비는 습속이 남아 있다. 우리나라에서 붉은색 꽃이 액을 물리친다는 시원은 아주 오랜 것으로 보인다.

충북 청주시 두루봉 제2동굴에 구석기인들이 진달래를 꺾어다 장식한 유적에 관한 보고를 보면, 집터인 동굴 입구에서 157개의 꽃가루가 검출되었다고 한다. 이것은 동굴 입구를 아름답게 가꾸기 위한 미적인 의미보다 주술적인 의미가 더 컸던 것으로 여겨진다. 추위로부터 해방되는 봄의 상징인 붉은색 진달래에서 축귀의 주력을 발견하였을 구석기인들은 꽃을 꺾어다 동굴 입구에 장식함으로써 기쁨과 안도의 감정을 누렸을 것이다.

참꽃을 두견화(杜鵑花)라고 하는 데는 사연이 있다. 옛날 중국 촉나라 망제의 이름이 두우(杜宇)였다. 그는 위나라와의 싸움에서 패망한 뒤 도망 다니면서 잃었던 나라를 찾으려 했으나 끝내 뜻을 이루지 못하고 죽었다. 그러나 나라를 되찾으려던 그의 원한은 결국 한 마리 새로 변했는데, 그 새를 두견이라고 했다. 망제의 넋이 변한 두견새는 매년 봄이 오면 나라를 잃은 슬픔으로 온 산천을 날아다니면

서 피눈물을 흘리면서 울어대는데, 그 흘린 눈물이 방울방울 산천에 떨어져 진달래가 되었다고 한다.

우리나라에도 진달래에 얽힌 애절한 몇몇 전설이 내려온다. 하늘나라 선녀와 결혼한 나무꾼 사이에 예쁜 딸이 태어났는데, 이름이 달래였다. 선녀는 하늘로 다시 올라가야 했고, 혼자 남은 나무꾼은 달래를 아름다운 처녀로 잘 키워냈다. 그러던 어느 해 고을에 새로 부임한 사또가 달래를 첩으로 삼겠다고 했다. 달래가 완강히 거절하자 감옥에 가두고 학대를 하던 사또는 다시 달래의 마음을 돌리려 했으나 거절하자 결국 달래의 목을 치고 말았다. 나무꾼은 죽은 딸을 부둥켜안고 애통해하다가 그마저 죽어버렸다. 구경하던 많은 사람들도 부녀의 죽음을 슬퍼하는데, 갑자기 달래의 주검이 온데간데없어지고 하늘에서 붉은 꽃송이가 함박눈 쏟아지듯 내려와 나무꾼의 시체를 덮어 무덤을 만들었다. 그 후 나무꾼의 무덤에서는 해마다 봄이 되면 붉은 꽃이 피었고, 이 꽃의 이름을 나무꾼의 성 '진(陳)' 자와 딸의 이름 '달래'를 합쳐서 진달래라고 했다고 한다.

화전놀이에서 여흥으로 진달래꽃 싸움을 벌이곤 한다. 진달래 꽃술을 따서 두 사람이 각각 한 개의 꽃술을 가지고 꽃술 대를 십자형으로 마주 엇걸어 꽃술 대의 양쪽 끝을 잡고 당기면 어느 한 쪽의 꽃술 대가 끊어진다. 끊어지는 쪽이 지게 되는데, 암술은 암술끼리, 수술은 수술끼리 싸워야 한다. 만해 한용운은 〈꽃싸움〉에서 "나는 한 손에 붉은 꽃수염을 가지고 한 손에 흰 꽃수염을 가지고 꽃싸움을 하여서 이기는 것은 당신이라고 하고 지는 것은 내가 됩니다"라며 진달래 풍류놀음을 시로 읊었다.

| 진달래꽃차 만들기 |

✿ 생식하거나 술을 담그는 진달래 꽃잎을 삼월 삼짇날에는 찹쌀가루 반죽에 얹어 화전을 부쳐 먹고, 오미자나 꿀물에 진달래를 띄운 화채로 만들었으며, 두견주라는 술을 빚었다.
한방에서는 혈액 순환과 기침, 고혈압, 월경불순에 약으로 썼다. 신경통, 관절염, 담이 결릴 때 진통제로 쓰는 민간요법도 있다. 이때 진달래꽃에서 독성이 있는 꽃술은 빼고 꽃잎만 쓴다.

1. 마른 진달래꽃차 만들기

① 막 피어나는 진달래 꽃봉오리를 따서 깨끗하게 손질한다.
② 바람이 통하는 그늘에서 말린 후 밀봉해 보관한다.

2. 저장용 진달래꽃차 만들기

① 진달래 꽃술을 떼어낸다.
② 물에 살짝 헹궈 물기를 거둔다.
③ 진달래 꽃잎을 쌓으면서 흑설탕을 켜켜로 뿌리고 끝으로 꿀에 재워 2주일 정도 숙성시킨다.

3. 진달래꽃차 마시기

① 입이 너른 찻잔에 끓인 물을 붓고 꽃술을 떼어낸 진달래꽃을 띄워 우려 마신다.
② 꿀에 재운 진달래꽃과 즙을 찻잔에 넣고 끓인 물을 부어 우려 마신다.
③ 녹차 우린 물에 마른 진달래꽃이나 생꽃을 넣어 2분간 우려내어 마신다.

목련은 백목련, 자목련, 일본목련 등의 유사종이 있다. 목련은 우리나라가 원산지로 여섯 장의 백색 꽃잎이 활짝 피어 편평하게 펴진 꽃이 다소 산만한 감을 주는데, 보통 꽃의 기부에 한 개의 어린잎이 붙어 있어 백목련과 구별할 수 있다.

우리나라에서 쉽게 볼 수 있는 목련은 백목련이 대부분이다. 백목련은 중국이 원산지로 우리 목련에 비해 꽃의 크기가 크고 화피편도 아홉 장이다. 또한 우리 목련은 꽃잎 안쪽이 붉은색을 띠는 반면, 백목련은 전체적으로 흰색이다. 이외에도 꽃잎 안쪽은 흰색이고 바깥쪽은 자주색인 자주목련과, 안쪽과 바깥쪽이 모두 자주색인 자목련이 있다. 불교적 분위기를 갖는 자목련은 내한성이 약해 중부 이북 지방에서는 적응하기가 힘들지만, 하얀 목련은 북한에서도 자란다.

목련
키 : 10미터
꽃 : 3~4월
학명 : *Magnolia kobus* DC.

봄 꽃차여행
목련꽃차

하냥 눈부신 저…

봄은 예수의 부활로 정점에 이른다. 길고도 모진 혹한에 설령 피어나지 못하리라 상심했던 꽃이 피었다. 돌무덤 같이 닫혔던 털옷이 한 꺼풀씩 열리고 목련은 하얗게 부활했다. 부활의 꽃 목련이 500종도 넘는 목련 천국 천리포 수목원으로 목련꽃차 여행을 떠났다.

만리포에서 천리포, 그리고 백리포, 십리포로 이어지는 태안 바닷길은 지난여름의 아우성을 품지 않았다. 느리고 조요한 바다와 사뿐한 모래는 태안의 검은 띠 따위도 기억하지 않았다. 물때에 맞춰 바다는 비린 몸을 드러내며 낭새섬까지 모세의 기적을 이루었다. 그렇게 목련의 낙원으로 향하는 길은 인공의 길이 아니었다.

부활의 꽃 목련

천리포 수목원은 민병갈이란 이름으로 귀화한 미군 장교 칼 페리스 밀러(Carl Ferris Miller)가 천리포 터를 사들여 '세상에서 가장 아름다운 수목원'으로 가꾼, 그야말로 시크릿 가든이다. 잘게 부서지는 햇빛 아래 해무(海霧)가 피어오르는 천리포 수목원은 습기가 적당한 비옥한 곳을 좋아하고 햇빛을 충분히 받아야 꽃을 피우는 목련의 고향이었다. 아름답다는 말조차 진부한, 박새의 높은 소리가 자유로운 이 내밀한 화원에선 세상의 온갖 목련이 원죄 없는 부활로 깨어나고 있었다. 선악을 가리지 않는 원시의 뜰에서 목련은 그대로 원시의 꽃이었다. 밀러 가든 들머리에 마중 나온 '밀키웨이' 목련. 보송한 솜털 사이로 갓 깨어난 꽃잎에 실핏줄이 파르르 떨고 생명의 숨결이 쌔근거렸다.

"목련은 꽃을 피우는 식물 중에 가장 원시적입니다. 꽃잎과 꽃받침 구분이 거의 안 되고, 나선상으로 배열되는 꽃잎의 형태와 암술과 수술이 많은 특징으로 알 수 있어요. 미국 오하이오에서 발견된 신생대 시기의 화석에서 목련의 잎으로 보이는 식물을 찾음으로써 원시식물의 증거물까지 확보하게 되었습니다. 빙하가 대륙을 덮어 내려오기 시작하면서 유럽 지역은 숲이 완전히 파괴되었고, 수많은 원시 식물이 사라지게 되었습니다. 아시아 북동부 지역과 미주 지역의 원시식물들만이 살아남게 되어 아시아 목련과 미주 목련으로 나누어진 채 살아남아 진화를 거치게 되었습니다."

목련꽃차 여행길에 동행한 김장훈 가드너는 인간의 역사보다 더 오랜 기원을 가진 목련을 소개하며 유럽인들이 우리 목련에 열광하는 까닭을 밝혔다. 천리포 수목원 목련원은 꽃과 사람의 창조 섭리가 보존된 원시의 뜰이었다.

이른 봄꽃은 대체로 노랗고 작다. 그런데 곧게 뻗은 회백색 가지 끝에 벙그는 목련은 이른 봄꽃 중에 가장 크고 우아함을 넘어 경건하기까지 하다. 목련은 잎보

백목련

다 먼저 피는 꽃이 북쪽을 바라본다 하여 북향화(北向花)라는 또 다른 이름을 가지고 있다. 햇볕을 많이 받은 남쪽 화피편의 세포가 북쪽 화피편의 세포보다 빨리 자라나 꽃이 북쪽으로 기울게 되기 때문이다. 북쪽을 바라보는 목련의 독특한 형태는 임금을 향한 충절을 상징하거나 북쪽 해신(海神)을 사랑한 하늘나라 공주의 애절한 사랑 이야기를 낳았다.

옛날 하늘나라에 예쁜 공주가 살았다. 어찌나 예쁘던지 하늘을 나는 새도 날개짓을 멈추고, 지나가던 구름도 넋을 놓고 바라볼 정도였다. 그러니 하늘나라의 귀공자들이 가만히 있을 리가 없었다. 기회가 있을 때마다 환심을 사려고 갖은 방법을 다 써보았지만 야속하게도 공주는 한 번 거들떠보는 일이 없었다. 오직 북쪽 바다를 지키는 바다 신의 사내다운 모습에 반해서 밤이나 낮이나 북쪽 바다

자목련

끝만 바라보고 있을 뿐이었다. 하늘나라 임금님이 아무리 말려도 공주의 마음은 이미 기울어진 뒤라 어찌 해볼 도리가 없었다.

혼자만 애를 태우던 공주는 어느 날 몰래 궁을 빠져 나와 온갖 신고 끝에 드디어 북쪽 바다에 이르게 되었다. 그러나 그는 아내가 있는 몸이었다. 사실을 알게 된 공주는 실망한 나머지 그만 바다에 몸을 던져버렸다. 이 사실을 뒤늦게 알게 된 바다 신은 공주의 죽음을 슬퍼하며 그녀의 시신을 수습하여 양지 바른 곳에다 묻어주었다. 그리고 무슨 뜻에서인지 자기의 아내에게도 잠자는 약을 먹여서 그 옆에 나란히 잠들게 하고는 평생을 홀로 살았다. 나중에서야 이런 사실을 안 하늘나라의 임금님은 이들을 가엾이 여겨 공주는 백목련으로, 바다 신의 아내는 자목련으로 다시 태어나게 하였다. 그렇지만 못 다한 미련 때문인지 목련 꽃봉오리는 항상 바다 신이 살고 있는 북쪽을 향하고 있다는 것이다.

북향화에 얽힌 전설이 그럴 듯한 것처럼 목련에는 숨은 이야깃거리도 많다. 서양에서는 팝콘을 닮았다고 하고, 불교에서는 나무에 핀 연꽃이라는 의미를 두어 사찰 문살에 새긴 여섯 장 꽃잎의 연꽃 문양도 목련을 형상화한 것으로 풀이한다.

월트 디즈니 애니메이션 〈뮬란Mulan〉은 중국을 구한 소녀 목란의 설화를 각색한 것인데, 여기서 '뮬란'은 목련의 중국말이다. 가끔 국화(國花)가 거론될 때마다 흔히 궁금히 여기는 북한의 국화는 목란이다. 김일성이 1991년 4월에 "목란꽃은 아름다울 뿐 아니라 향기롭고 생활력이 있기 때문에 꽃 가운데서 왕"이라며 국화로 삼을 것을 지시한 데 따른 것이다. 남한에서 함박꽃나무로 불리는 목란은 흰색 꽃을 피우고 함경북도를 제외한 전 지역에서 볼 수 있는 자생수종으로 목련과 한 과이다. 목련은 강인한 생명력을 상징하는 꽃이기에 중국에서는 구국소녀로, 북한은 국화로 삼은 까닭이 아닐까.

ㅣ목련꽃차 만들기ㅣ

✿ 하냥 눈부신 하양에 온 마음을 앗기다 보면 지나친 찬사가 때로 독이 된 듯 생채기 벌겋게 전이된 꽃잎이 잎잎이 져버리는 것이 마냥 아쉬운, 개화 시기가 짧은 목련이다. 눈길 따라 지는 꽃이 상처가 된다면 차라리 지는 꽃잎 주워 차로 마셔보자. 꽃잎이 아홉 장인 백목련도 해는 없지만, 여섯 장의 꽃잎을 가진 우리 목련은 독성이 없어 꽃차로 더욱 적합하다. 목련이 갓 피어나 오소소 향을 날릴 때 사모(思慕)와 보은(報恩)이 고스란한 옥란향을 눈으로도 그려낼 수 있는 목련꽃차다.
한방에서는 신이화(辛夷花)라 하여 축농증, 비염, 코막힘, 두통의 치료에 효력이 있다. 그리고 아기집같이 모태(母胎)의 정을 느끼게 하는 안온한 목련꽃은 자궁병에도 좋아 아랫배앓이를 자주 하는 아가씨에게 어울리는 꽃차이기도 하다. 월경 전의 복통과 불임 치료에는 막 피어나는 옥란화 꽃을 나이에 비례한 숫자만큼 달여 식전에 복용하라는 한방의 비법도 있다.

1. 마른 목련꽃차 만들기

① 깨끗하게 손질한 목련 꽃봉오리를 소금물에 살짝 담갔다가 물기를 닦고 말린다.
② 솥에 물을 넣고 끓여 김이 오를 때 김을 살짝 쐬어 쪄낸 후 그늘에서 말린다.
③ 잘 말린 후 밀봉 보관한다.
목련 꽃봉오리는 일 년 내내 향기로운 마실거리가 된다.

2. 저장용 목련꽃차 만들기

① 목련 꽃봉오리를 깨끗이 손질한 후 백설탕에 겹겹이 재운다.
② 2주일 정도 숙성 시킨 후 냉장 보관한다.

3. 목련꽃차 마시기

① 백목련도 해가 없지만, 여섯 장 꽃잎의 우리 목련을 쓰는 것이 더욱 좋다.
② 꽃술을 뗀 후, 꽃잎을 한 장씩 뜯어 흐르는 물에 살짝 헹군다.
③ 물기를 거둔다.
④ 유리 찻주전자에 꽃잎 세 장을 넣는다.
⑤ 끓인 물을 한 김 내보낸 후 찻주전자에 붓고 약 2분간 우린다. 물을 붓는 즉시 하얀 꽃잎은 붉게 변하다 차츰 갈색이 되면서 진한 옥란향이 퍼져 오른다.
⑥ 우러난 차를 유리 찻잔에 따른다.
맑은 노랑 찻물과 옥란향, 그리고 약간 매운 맛 속에 한 송이 목련이 오감으로 피어남을 느낄 수 있다.

복숭아나무에는 주력(呪力)이 있어 병자에게 붙은 귀신을 쫓아낼 때 동남쪽으로 뻗은 복숭아나무 가지로 환자를 가볍게 때리는 우리 민속이 있다. 그리고 지금도 첫돌 때 복숭아 모양의 금반지를 끼워주는 것은 그런 의미에서이다. 제사상에 복숭아를 올리지 않은 것도 아마 그런 까닭이 아닐까.

복숭아꽃
키 : 6미터
꽃 : 4~5월
학명 : *Prunns persica* (L.) Stolces

봄 꽃차여행

복숭아꽃차

봄바람에 웃는 미인 도화

유년의 봄은 강 건너 복사꽃이 안개처럼 아련한 달력에서 시작했다. 파릇한 새싹이 돋아나는 들판 너머 분홍이 몽글몽글 깔려 있는 달력 속 복숭아꽃밭은 여름이 되어도 책상 맡에 걸려 복사꽃 몽환을 꿈꾸게 했다. 커서도 복사꽃 피는 봄이 되면 몽유도원의 상상에 빠지곤 했다. 그렇게 복사꽃 색은 몽환적 분홍이었다.

복숭아가 많이 난다고 해서 복사골이라고 불리는 부천 복숭아나무 밭을 찾았다. 부천시의 시화도 복숭아꽃이다. 역곡역에서 직진해 10분 남짓 걸어가면 연분홍 꽃을 단 복숭아나무가 도로 왼편 농가 사이로 언뜻 언뜻 보이기 시작한다. 조

금 더 지나쳐 걸어가다 보면 아련한 분홍 복숭아밭이 봄빛에 부푼 복숭아기념동산이 나온다. 강아지 몇 마리가 지키는 복숭아밭에 봄바람이 살랑거리고 자태 고운 미인 도화(桃花)가 숨어 기다리고 있다.

1447년 어느 봄날, 안평대군은 신비한 꿈을 꾸고는 그 장면을 잊을 수가 없었다. 그래서 도화원으로 연락을 해 평소 가깝게 지내던 화가 안견을 불러 자신이 꾸었던 꿈 이야기를 들려주었다.

"내가 어제 꿈을 꾸었다네. 박팽년과 함께 어느 산 아래 이르니 층층으로 산봉우리가 우뚝 솟아 있고, 깊은 골짜기가 그윽한 채 아름답더군. 복숭아나무가 수십 그루 있고, 숲 끝의 오솔길에 다다르자 여러 갈래로 갈라져 있어 어디로 가야 할지 몰라 서성대고 있었네. 그러다가 한 사람을 만났는데 우리에게 이르기를 '이 길을 따라 북쪽으로 휘어져 들어가면 도원입니다'라고 말하는 것이 아니겠는

가. 나와 박팽년이 말을 몰아 그 길로 가니 산이 울퉁불퉁, 나무숲이 빽빽하며, 시내를 돌고 돌아 사람을 홀리게 하더니, 그 길을 돌자 앞이 확 트이며 마을이 하나 보이는데…."

안평대군의 꿈 이야기가 계속 이어졌다.

"구름과 안개가 자욱하여 먼 것 같기도 하고 가까운 것 같기도 한 복숭아나무 숲이 어른거리며 붉은 노을이 떠오르고, 대나무 숲과 초가집이 보이고, 앞 시내에는 조각배가 물결을 따라 오락가락…. 함께 시를 짓던 박팽년 · 최항 · 신숙주 등과 함께 그런 신비롭고도 아름다운 풍경을 구경하다가 잠이 깨었다네."

그러고는 안평대군은 자신이 꾼 꿈속의 장면을 안견(安堅)에게 그려달라고 부탁했다. 안견은 자신이 화가의 길을 가는 데 큰 도움을 준 안평대군을 위해 기꺼이 부탁을 들어주었다. 안평대군이 꾼 꿈을 그림으로 그려 3일 만에 완성한 그림이

안견, 〈몽유도원도〉 부분, 비단 바탕에 먹과 채색, 38.7×106.5cm, 1447년(세종 29)

바로 〈몽유도원도〉이다. '몽유도원도(夢遊桃源圖)'는 '꿈속에서 거닐던 복숭아나무가 많은 정원을 그린 그림'이라는 뜻이다.

복사꽃과 물과 여인은 동양에서 낙원을 구성하는 기본 요소라 한다. 그런 낙원에서는 세월도 멈추고 죽음에 대한 두려움이나 고통 없이 행복하다. 도연명의 〈도화원기〉에 한 어부가 고기를 잡다 길을 잃었는데, 물 위로 복숭아 꽃잎이 떠내려와 그 꽃잎을 따라 올라가니 사방이 복숭아꽃으로 덮인 환상적인 마을 무릉도원을 만났다는 별천지 같은 곳이다. 그렇게 보면 우리 어릴 적 온 산야가 복숭아꽃, 살구꽃에 아기 진달래까지 더불어 살아가던 고향이 바로 낙원이 아닌가.

복숭아꽃은 부모님의 만수무강을 기원하는 의미의 꽃이기도 하다. 익종은 '벽도화를 손에 들고 백옥잔에 술을 부어 / 우리 성모께 비는 말ᄉᆞᆷ 뎌 벽도화 갓트쇼서 / 삼천 년에 곳이 퓌고 삼천 년에 열ᄆᆡ ᄆᆡᆺ져 / 곳도 무진 열ᄆᆡ도 무진, 무진무진장춘색(無盡無盡長春色)이라 / 아마도 요지왕모(瑤池王母)의 천년수를 성모께 드리고져 ᄒᆞ노라'라는 시에서 복사꽃인 도화를 축수를 읊는 소재로 썼다. 꽃은 보편적으로 생산력과 영원무궁의 상징이기에 꽃을 바친다는 것은 영원한 생명력을 바치는 것이다. 특히 신선이 사는 곳에 있고 3천 년에 한 번 꽃이 피고 열매를 맺는 벽도화는 무궁한 시간의 상징이다. 정조가 어머니 혜경궁 홍씨의 회갑잔치에서 복숭아꽃 3천 송이를 선물했다는 《조선왕조실록》의 기록을 따라 수원시에서는 한지로 만든 복숭아꽃을 어버이날 부모님께 달아드리는 행사를 가지기도 했다.

| 복숭아꽃차 만들기 |

✿ 서왕모가 가꾸는 천도(天桃)는 3천 년마다 꽃을 피우는데, 이 천도를 한 번 먹으면 얼굴이 소녀 같고 장생불사한다고 했다. 이런 신화가 속설에 그치지 않는 것은《본초강목》에 얇게 저며 말린 복숭아를 먹으면 안색이 좋아진다는 약방문을 봐도 알 수 있다. 그러나 복숭아꽃은 많이 먹으면 열이 나기도 한다. 그렇지만 그늘에서 잘 마른 꽃을 먹으면 안색이 좋아진다 하니 복사꽃 같은 얼굴을 만드는 복숭아꽃차다.
상징적인 고향의 꽃 복숭아꽃은 꽃뿐 아니라 열매, 뿌리, 나무껍질, 씨, 잎까지 약으로 쓴다. 복숭아꽃이 반쯤 피었을 때 말린 것을 백도화라 하여 이뇨제로 쓰며 혈액순환에 이롭고, 각기나 결석, 오랜 소화불량, 각기병, 수분대사장애를 치료한다. 복숭아꽃차는 독성은 없지만 약성이 강해 만성변비 증상에 효험이 있어도 변비가 없거나 허약한 사람은 부작용을 주의해야 한다.

1. 마른 복숭아꽃차 만들기

① 칼로 조심스레 딴 복숭아꽃송이를 그늘에서 일주일 동안 말린다.
② 다시 햇볕에서 두세 시간 동안 바싹 말린 후 밀봉해 보관한다.

2. 저장용 복숭아꽃차 만들기

깨끗이 손질한 복숭아꽃을 켜켜로 설탕에 재워 보름 정도 숙성시킨다.

3. 복숭아꽃차 마시기

① 마른 복숭아 꽃송이 서너 개를 찻잔에 넣고 끓인 물을 부어 2분간 우려 마신다. 씁쓰레하면서도 단맛이 난다.
② 저장된 복숭아꽃 두 찻술을 찻잔에 넣고 끓인 물을 부어 2분 정도 우린 후 마신다.

한국이 원산지인 안질방이 민들레는 4~5월이 되면 양지 바른 곳 어디에서든 해를 따라 노랗게 피어 있다. 잎보다 다소 짧은 꽃자루 끝에 1개의 꽃이 달리며 백색 털로 덮여 있지만 점차 없어지고 바로 꽃 밑에만 털이 빽빽하게 남는다. 두상(頭狀) 화서로 피는데, 밤에는 오므라든다. 씨는 하나로 모양이 작고, 익어도 터지지 않고 흰 갓털이 있어 바람에 날려 멀리 퍼진다.

민들레
키 : 30센티미터
꽃 : 4~5월
학명 : *Taraxacum mchgolicum* Handel-Mawwetti

봄 꽃차여행
민들레꽃차

당신만 가리키는 노란 꽃시계

서울은 고궁이 있어 좋다.

조선의 궁궐 중에 가장 오랫동안 임금들이 거처했던 궁궐. 한국 궁궐 건축의 비정형적 조형미를 대표하는 궁궐. 비원으로 잘 알려진 후원에 다양한 정자, 연못, 수목, 괴석을 가진 아름다운 궁궐. 조선의 궁궐 중에 원형이 가장 잘 보존되고 자연과 조화로운 배치로 탁월성을 인정받아 1997년 유네스코 세계유산에 등록된 궁궐이 창덕궁이다.

창덕궁의 대조전은 임금이 잠자는 곳으로 용이 잠잔다 하여 용마루가 없다. 대청마루를 가운데로 왕비의 침전인 서온돌과 임금의 침전인 동온돌로 나누어진다.

여기서 조선의 마지막 임금인 순종이 승하하신 대조전은 유독 정적으로 감돌고 곁의 뜰에는 노란 민들레가 가득했다. 1405년 조선 왕조의 이궁으로 지어진 이곳에서 해마다 봄이 되면 꽃을 피우고 홀씨로 날아가 600여 년 세월 동안 우리의 역사와 함께 살아온 민들레다. 한 달이 지나 다시 찾아간 창덕궁 대조전의 뜰은 후우 한숨 토하면 금세 날아가 버릴 것 같은 민들레 홀씨 솜털 못이 되어 있었다.

한 공동체가 단체의 마스코트를 민들레로 삼았다. 돌보는 이 없어도 길섶과 밭두렁에 흔하게 피어나는 야성, 무리를 이루며 어우러지는 공동체성, 가난하고 작은 모습에서 찾는 겸손, 약재와 나물로 가난한 이의 보릿고개를 넘게 해준 헌신성, 그리고 꽃과 홀씨로 두 번 피우는 인생을 관조하는 명상 등이 그들이 따르고 싶게 만든 민들레의 특성이다.

민들레에 얽힌 전설은 여느 꽃과 달리 끈기의 생을 들려준다. 먼 옛날 오궁두

리에 성품이 어질고 강직한 오 서방이 성이 민가요 이름은 들녀인 아내와 살고 있었다. 서로 의논하고 맘과 힘을 한데 맞들어 행복하게 사는 부부였다. 이들이 성혼한 지 두 해가 넘은 날, 외적이 침략해왔다. 마을 사람들은 두려워 벌벌 떨고만 있을 때 오 서방은 선조들이 일군 땅을 외적에게 빼앗기면 안 된다고 마을 사람들과 의병을 일으켰다. 민들녀는 마을 일을 잘 돌보라고 부탁하는 남편 오 서방에게 자신의 은가락지를 끼워주었고, 오 서방은 화살 한 대를 쑥 뽑아 아내에게 주며 서로에게 힘을 주었다. 민들녀는 밤낮으로 남편이 남기고 간 화살을 보면서 졸음을 쫓으며 의병의 옷을 지을 무명을 짰다. 1년이 지나고 또 1년이 지나 전쟁에서 승리한 의병들이 돌아왔으나 남편은 보이지 않았다. 그런데 한 젊은 용사가 울면서 받쳐 올린 오 서방의 청룡도에 민들녀는 손에 들고 있던 화살을 떨구고 말았다.

그러나 남편의 다짐이 떠올랐던 민들녀는 저승에 간들 남편 볼 면목이 없다며 이튿날 다시 이를 악물고 밭에 나갔다. 그러면서도 남몰래 남편을 그리워하며 남편이 떠나간 큰 길을 바라보면서 억척같이 일했다. 세월이 흘러 민들녀는 세상을 떠났고, 이듬해 봄 오궁두리 마을 오 서방네 집 주위와 길가에 처음 보는 꽃이 피었다.

가새 친 잎에 연통 같은 꽃대가 서 있고, 그 위에 야들야들 웃는 듯 떠는 듯 노란 꽃송이가 달린 아름다운 꽃이었다. 마을 사람들은 이 꽃은 틀림없이 민들녀의 아름다운 영혼이 꽃으로 피어난 것이라고 믿었다. 이리하여 이 꽃에 민들녀의 이름을 달아 '민들녀꽃'이라 불렀는데, 후에 '민들레꽃'으로 불려졌다. 전하는 말에 의하면, 민들레꽃의 작은 연통 같은 꽃대를 꺾어 들고, '범벅궁, 가새궁, 갤궁!' 하면 그 꽃대가 고양이 발톱처럼 꼬부라드는데, 그것은 민들녀가 생전에 태운 속이 가슴속에서 풀리지 않아 그러하다고 한다.

시인 조병화는 "강한 것보다 약한 것에서, 풍부한 것보다 청빈한 것에서, 요염한 것보다 가련한 것에서, 기름진 것보다 애절한 것에서, 가진 것보다 없는 것에서 영혼을 찾는다"고 보았고, 우리 민족성을 꽃에 비유하여 "큰 꽃보다 작은 꽃을, 이름난 꽃보다 이름 없는 꽃을, 황홀한 꽃보다 빈약한 꽃을, 다채로운 꽃보다는 조촐한 꽃을, 으쓱대는 꽃보다는 가련한 꽃을 좋아한다"고 하였다.

우리 조상뿐 아니라 지금의 우리도 시인 조병화의 꽃의 지론에 전적 동감한다. 민들레가 바로 그러한 꽃이다. 그렇지만 약한 듯하나 강하고, 청빈한 듯하나 풍부하며, 없는 듯하지만 가진 것이 많은 꽃이 민들레꽃이다.

민들레는 뿌리 달린 전초를 포공영(蒲公英)이라 하여 약용한다. 생약의 포공영은 민들레의 꽃과 뿌리를 일컫는데, '이눌린', '팔미틴', '세로친' 등 특수 성분이 함유되어 있다. 꽃이 피기 전에 뿌리째 뽑아 흙을 털고 깨끗이 씻어서 햇볕에 말린 전초는 열을 내리고, 해독 이뇨작용이 있다. 달여서 복용하면 급성유선염이나 기운이 없이 나른할 때, 급성결막염, 감기발열, 급성편도선염, 급성기관지염, 위염, 간염, 담낭염, 요로감염을 치료한다. 양지 바른 곳이면 어디에서든 흔한 민들레가 이렇게 약효가 뛰어난 생약이니 대량으로 재배하면 값진 소득원이 되지 않을까. 유사종으로는 좀민들레, 산민들레, 서양민들레 등이 있다. 그런데 가을까지 계속 피어 있는 민들레는 토종민들레가 아니라 서양에서 귀화한 민들레로 전체적으로 크기가 커서 쉽게 구별이 된다.

| 민들레꽃차 만들기 |

✿ 민들레는 전초가 하나 버릴 것 없는 식용이나 약재의 식물이다. 이른 봄 원줄기 없이 뿌리에서 깃 모양으로 깊이 갈라져 배게 나는 잎은 쌈이나 무침 혹은 나물로 먹는다. 미네랄이 풍부하고 노화나 성인병을 막아주는 항산화 물질이 많다. 그리고 뿌리를 깨끗이 씻어 잘게 썰어 말린 후 살짝 덖어주면 민들레 커피로 우려 마실 수 있다. 꽃은 차로 만들기도 하지만, 샐러드 재료로 쓰면 이른 봄 화사한 식단을 꾸밀 수 있다. 그리고 약술로 담그기도 한다. 민들레꽃차는 위염, 위통 등의 위장질환이나 소화불량, 설사, 변비에 효능 있고, 약간의 찬 성질을 지니고 있어 발열 증상을 완화시키는 청열약으로도 쓴다.

1. 마른 민들레꽃차 만들기

① 민들레 꽃봉오리를 따서 깨끗이 손질한다.
② 센 김이 오르는 솥 안에 채반을 놓고 1분간 찐다.
③ 그늘에서 반 정도 말린 후 다시 햇볕에서 말린다.
④ 가열된 프라이팬에 마른 꽃을 넣고 살짝 덖어낸다.
⑤ 식혀낸 꽃을 밀봉 보관한다.

2. 저장용 민들레꽃차 만들기

① 민들레꽃 봉오리를 채취해 깨끗이 손질한다.
② 손질한 꽃봉오리에 같은 양의 꿀을 부어 재운다.
③ 2주일간 숙성시킨다.

3. 민들레꽃차 마시기

① 마른 민들레꽃 2개를 찻잔에 넣고 끓는 물을 부어 2분간 우려 마신다.
② 꿀에 재워 저장해 둔 꽃차도 같은 방법으로 마실 수 있다.
뜨거운 물을 부으면 금세 노랗게 우러나는데 맛도 차색처럼 순하다.

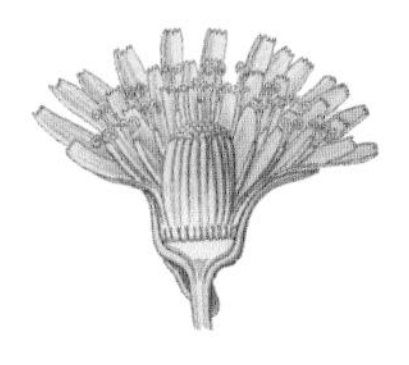

운대(蕓薹) · 평지 · 한채(寒菜)라고도 불리는 유채는 십자화과의 두해살이풀로 원산지로는 보통종은 지중해 연안과 중앙아시아 고원지대이며, 서양종은 스칸디나비아 반도와 시베리아다. 서양종을 재배하는 우리나라에서는 3~4월에 배추꽃 비슷하게 생긴 노란색 꽃을 피우는데, 가지 끝에 원뿔꽃차례로 달리며, 10센티미터 정도 길이의 꽃자루를 가진 홑꽃이 핀다. 꽃잎은 길이 10밀리미터로 끝이 거꾸로 선 달걀 모양으로 둥글다. 1개의 암술과 6개의 수술을 가졌고, 그중 4개는 길다. 지방에 따라서 '하루나'로 불리는 잎과 줄기는 꽃이 피기 전 이른 봄나물로 연한 맛이 미각을 사로잡는다. 그리고 절반 가량이 기름인 종자는 가용성 질소질과 단백질이 들어 있는 식용유로서 콩기름 다음으로 많이 쓰이며, 느끼하지 않고 담백한 맛을 낸다.

유채꽃
키 : 1미터
꽃 : 3~4월
학명 : *Brassica Campestris napus* (L.)

봄 꽃차여행
유채꽃차

노랑나비 앉은 길상화

아지랑이가 아물아물 피어오르고 꽃이 열리면 나비가 날아든다. 할머니는 봄이 되어 눈에 처음 띄는 나비가 노란색이면 그 해는 운수대길이고, 하얀 나비를 만나면 집 안에 누군가 돌아가실 것이란 말을 하셨다. 노랑나비만 찾아다녔다. 행여 저쪽에서 흰 나비가 팔랑거리고 올라 치면 얼른 눈을 감아버렸다. 그렇게 해서라도 아무도 돌아가시지 않기를 바랐다. 그런데 요즘은 노랑나비가 흔하지 않다. 도시에서는 흰 나비만 날아다니고, 어쩌다 깊은 산속에서 호랑나비 정도 볼 뿐이다. 노랑나비가 왜 통 안 보이는지, 아직도 봄이 되면 노랑나비의 환상을 좇게 된다.

그런데 올해는 운수대길이다. 수없이 많은 노랑나비떼가 한강변에 길게 너르게 날아 앉았다. '한국의 아름다운 길 100선'에 오른 구리 한강시민공원 유채꽃길이다. 한강은 물로 유유히 흐르고, 구리 한강시민공원에는 노란 유채꽃이 나비의 물결로 흐른다. 길을 따라 자전거로 달리는 사람도 나비인 양 날아간다. 40만㎡ 면적으로 한강변 최대의 꽃 단지가 장관을 이루는 강변에 서면 올해 운수는 대통이다.

유지작물의 하나인 유채는 전 세계적으로 식품·공업용으로 널리 쓰인다. 유채씨에서 추출한 식물성기름은 친환경 연료인 '바이오디젤'의 원료다. 바이오디젤은 휘발유나 경유보다 배기가스를 훨씬 덜 배출하고, 경유보다 산소를 많이 포함하고 있어 산화력이 좋다. 또한 대기오염 물질의 주성분인 황이 들어 있지 않아 환경오염을 덜 일으킨다. 그런데 대부분의 유채는 29도 이상이 되면 고온 스트레스를 받게 되어 생장이나 발육이 낮아지게 되고, 종자의 생산성이 떨어져 동남아시아 같은 아열대 기후 지역에서 재배하기 어렵다. 그래서 석유 에너지 고갈로

대체에너지의 개발 및 생산성 증가에 큰 몫인 유채를 아열대 기후 지역에서도 재배할 수 있는 연구가 한창 진행되는 중이다.

노란 나비떼가 날아와 앉은 유채 꽃밭에 서면 덩달아 노랑나비가 된다. 하얀 나비떼도 한몫하고, 잉잉거리는 벌떼까지 봄의 군무가 찬란하다. 그만큼 유채꽃은 밀원식물(蜜源植物)이다. 노란 유채꽃에 나비와 벌이 날아와 춤추는 것만 봐도 꽃말이 가늠된다. 더불어 명랑하고 쾌활해지는 것은 유채꽃의 꽃말이 내게 감염되었기 때문이다. 한 해 운수대통을 바라고 깊은 시름을 풀고 싶거든 강물 유유히 흐르는 구리 한강시민공원의 유채 꽃밭에 가자. 그리고 한해 운이 막힘없이 통하는 쾌활한 기운을 받자. 마음속 근심이 싹 걷혀지고 명랑한 노랑나비 한 마리 쏙 들어올게다.

| 유채꽃차 만들기 |

✿ 활혈약은 출혈을 억제시키고 어혈을 풀어준다. 따뜻한 성질을 가진 유채꽃차는 혈액순환장애 질환에 효과 있는 활혈약으로 쓰고 또 눈을 밝게 하는 기능이 있다. 그렇지만 너무 마른 사람은 주의해야 한다. 독성이 없는 유채꽃을 따서 먹어보면 약간 매운 맛이 난다.

1. 마른 유채꽃차 만들기

① 유채꽃차례를 그대로 따서 송이대로 나눈다.
② 깨끗이 손질한 뒤 그늘에서 일주일 간 말린다.
③ 꽃의 습기를 완전히 건조하기 위해 팬을 가열한 후 살짝 덖는다.
④ 열기를 내보낸 후 밀봉해 보관한다.

2. 저장용 유채꽃차 만들기

손질한 유채꽃에 켜켜로 설탕을 뿌린 후 꿀에 재운다.

3. 유채꽃차 마시기

① 마른 유채꽃이나 꿀에 재운 유채꽃 한 찻술을 찻잔에 넣고 뜨거운 물을 부어 2분 간 우려 마신다. 꽃은 약간 맵지만 꽃차의 맛은 달고 부드럽다.
② 유채 꽃밭에 가서 생꽃을 녹차나 홍차에 띄워 마셔도 봄의 풍류차로 제격이다.

벚나무는 원산지가 한국이다. 한라산 해발 500~900미터에 드물게 자라는 왕벚나무는 한두 군데 자생지가 있는 한라산에 그 기원을 두고 있는데, 멸종 위기종으로 보호해야 할 나무다. 벚꽃의 아름다움은 나무 한 그루나 가지 하나로 볼 때는 복사꽃이나 살구꽃에 미치지 못한다. 그러나 꽃나무 전체로 볼 때는 한꺼번에 피어나 구름같이 떠 있다가 한꺼번에 눈처럼 지는 것이 두드러진다.

4월에 잎보다 먼저 피는 연한 홍색 또는 거의 백색인 꽃은 많은 꽃이 방사형으로 나와서 끝마디에 하나씩 붙는 산형화서로 2~5개씩 달리는데, 꽃잎이 5개인 오판화(五瓣花)이다.

벚꽃
키 : 20미터
꽃 : 4~5월
학명 : *Prunus serrulata* var. spontanea (Maxim.)

봄 꽃차여행

벚꽃차

카타르시스의 미학

온 산하가 벚꽃 축제다. 온 길이 벚꽃 십리이고, 온 그늘이 벚꽃 터널이다. 복숭아꽃 살구꽃 아기 진달래가 고향의 꽃이자 우리나라의 꽃이었다. 그래서 꽃은 복사꽃, 살구꽃인 도화행화(桃花杏花)였다. 그런데 요즈음 산야나 도심의 가로변에는 벚꽃이 지천이다.

벚꽃 축제가 아니어도, 십리 벚꽃 길이 아니어도, 혹은 벚꽃이 이룬 터널이 아니어도 금잔디 위에 늙은 왕벚나무 한두 그루는 봄의 판타지를 이끈다. 서울대학교 안에 학생들의 은근한 쉼터인 버들골이 있다. 거기에 가면 잔디밭 위 느린 언덕에 세월의 굽은 뿌리를 드러낸 왕벚나무 두 그루가 몽환의 자세로 비스듬하다.

학생 몇은 꽃그늘 아래 하얀 웃음 까르륵 날리고, 몇은 누런 잔디에 벌렁 누워 묵은 겨울을 말리고, 또 몇은 구름 같은 벚꽃을 휴대폰에 담고 있다.

우거진 벚꽃만이 눈부신 것이 아니다. 버들골에서 내려와 조선 후기의 시인 자하 신위가 머물던 자하연에 이르면 또 어떠한가. 한꺼번에 피었다가 한꺼번에 떨어지는 벚꽃의 찬란한 카타르시스에 빠져드는 정경이다. 만개한 벚꽃은 더 이상 활짝 피울 수 없어 낱낱의 꽃잎을 초록 연못에 피운다. 나무에서 피어나던 벚꽃이 아래로 아래로 꽃을 피우는 것이 꽃비다. 비극은 정화의 치유력을 가지고 있다. 벚꽃이 꽃비로 내리는 것은 낱낱의 꽃잎이 산화하는 비극일진대 결코 참담하지 않다. 바로 벚꽃이 가진 카타르시스의 미학이다. 몇은 치열한 경쟁을 벗어놓은 채 청정히 앉아 있고, 몇은 저물어 가는 것이 결코 패배가 아니라는 것을 장렬한 낙화를 통해 깨닫고 있다.

다시 서울대학교 정문에 오면 잘생긴 수양 벚꽃이 휘늘어져 있다. 때로 휘돌아 갈 줄 아는 부드러움마저 가지라는 처진개벚나무(능수벚나무)다. 한 그루 높은 나무에 늘어진 자줏빛 여린 가지가 무수하고, 연붉은 꽃이 꿈의 색으로 곱다. 견학 온 고등학생이 사진 포즈로 세운 브이 자 손가락 사이로 능수벚꽃이 하늘거렸다.

2010년 말 우리나라 전체 가로수 길 3만 4천 817킬로미터에 심겨진 가로수는 모두 534만 9천여 그루였다. 벚나무는 그 가로수 중에 가장 많은 수종으로 전국 가로수의 22퍼센트인 118만 그루다. 새로 심고 있는 가로수로도 최고의 인기 나무다. 벚나무 다음으로는 은행나무, 느티나무, 양버즘나무 순이다.

그런데 벚꽃 그늘에서 환하게 웃어도 왠지 석연찮은 것은 사쿠라라는 인식이 강하기 때문이다. 일본의 국화(國花)라고까지 생각하는 사람이 많은데, 일본은 나라의 상징 꽃을 따로 지정하지 않았다. 일본 황실의 문양은 국화(菊花)이고 벚꽃인 사쿠라는 다만 인기 있는 꽃일 뿐이다.

《일본서기》에 벚꽃 이야기가 나온다. 5세기 초 리추 천왕이 뱃놀이 할 때 신하가 바친 술잔에 사쿠라 꽃잎 하나가 떨어졌다. 그 순간의 정경을 매우 아름답게 여긴 왕은 그 일이 있고 난 후 그의 궁궐을 사쿠라노미야(櫻宮)라고 이름 지었다. 일본의 중세인 무로마치 시대는 사무라이(武人)의 전성기였다. 이때 '꽃은 벚꽃, 사람은 사무라이'라는 말이 유행할 정도로 '벚꽃과 사무라이'의 관계는 지속되었다.

일본 강점기 때 미국에서 벚꽃의 원산지가 일본으로 주장되고 있는 데 대해 이승만은 미국 의회에 '벚꽃의 원산지는 한국'임을 진정했다. 그 결과 일본 벚꽃도 아니고 한국 벚꽃도 아닌 동양 벚꽃이라고 부르게 되었다는 일화가 전해온다. 영문명도 Japanese Flowering Cherry와 Oriental Cherry가 함께 쓰이는 아이러니다.

처진 능수벚나무 가지의 연분홍색 꽃

우리나라는 지금에서야 지방마다 축제를 벌여 벚꽃이 각광 받으나 얼마 전까지는 우이동 벚꽃이 명소였다. 《화하만필花下漫筆》에 보면 우이동 벚나무는 꽃을 위해 가꾼 것이기보다는 효종이 북벌을 계획할 때 활의 재료로 사용하려고 심어 놓은 것이라고 한다. 일설에는 홍양호가 일본 가는 통신사 조엄에게 부탁하여 벚꽃 묘목을 현해탄을 건너 가져와 재배한 것이라고도 하지만, 그의 문집 속에는 보이지 않으므로 그대로 믿기는 어렵다고 했다.

| 벚꽃차 만들기 |

✿ 벚꽃은 독성이 없고 예로부터 숙취나 식중독의 해독제로 쓰였다. 해수나 천식에도 도움이 된다. 벚꽃은 심상이 화려해 파티에 어울리는 꽃차이다. 엷은 소금물에 봉오리째 담가 숙성시킨 꽃을 찻잔에 띄우면 봄의 몽환경에 이르게 한다.

1. 마른 벚꽃차 만들기

봉오리째 딴 꽃을 그늘에서 2주일간 말려 밀봉 보관한다.

2. 저장용 벚꽃차 만들기

① 벚꽃을 깨끗이 손질하여 설탕에 재운 뒤 2주일간 숙성시킨다.
② 깨끗이 손질한 벚꽃을 10퍼센트 정도의 소금물에 절인다. 이때 매실 엑기스를 약간 곁들이면 맛이 배가 된다.

3. 벚꽃차 마시기

재워 저장했거나 절여 두었거나 잘 말려 둔 꽃 3~4송이를 찻잔에 넣고 끓인 물을 부어 2분간 우려내어 마신다.

배나무는 원산지가 우리나라로 중부 이남의 표고 600미터 이하 야산에서 자란다. 관상용으로 정원에서나 분재로 기르기도 하나 무엇보다도 과일로 바로 먹거나 술로 담그는 식용과, 해열과 곽란에 쓰는 약용으로 재배한다. 배나무는 이목(梨木) · 이수(梨樹), 배꽃은 이화(梨花), 배는 생리(生梨) · 이자(梨子) · 쾌과(快果)라고 부른다.

배꽃
키 : 5~10미터
꽃 : 4~5월
학명 : *Pyrus pyrifolia* var. culta (Makino) Nakai

봄 꽃차여행

배꽃차

봄비에 배꽃이 흰데

생명의 땅 나주에 가면 삼백(三白)이 있다. 하얗게 차진 쌀이 그렇고, 나주곰탕으로 알려진 '하얀곰탕' 집이 그러하고, 입안에 고이는 하얀 속살의 배가 그러하다. 물론 '하얀곰탕' 집의 곰탕은 뽀얗게 우러난 하얀 국물은 아니다. 펄펄 끓는 가마솥에서 막 퍼온 곰탕 그릇을 들여다보자. 자르르하게 하얀 나주 쌀밥에 육질 좋은 한우가 듬뿍하고, 정결하게 동동 뜬 하얀 대파에 노란 계란지단이 감치고, 살짝 흩뿌린 빨간 고춧가루의 색과 맛을 모두 합하면 뽀얀 국물 이상의 백색이 우러난다. 황(黃), 청(靑), 적(赤), 백(白), 흑(黑)의 오방색이 합쳐진 우주의 오행원리가 말간 곰탕 그릇에 그득하다.

'하얀곰탕' 집 앞에는 나주의 자랑거리인 나주 목사내아가 있다. 조선시대 나주목에 파견된 지방관리 목사(牧使)의 살림집이었는데, 지금은 숙박을 할 수 있어 나주 체험에 일조를 하는 곳이다. 목사내아 앞마당 깨끗한 디딤돌마다 나주 배 조형물이 아로새겨 있다.

호남의 생명을 이끄는 영산강에서 뚜벅뚜벅 걸어 나오는 훤칠한 물맛은 기름진 쌀과 나주 배를 길러냈다. 우리나라 배의 재배 역사와 같이 삼한시대부터 재배되어온 것으로 보는 나주 배는 같은 품종이라도 타지에서 기르면 이 땅의 배 맛이 나질 않는다. 나주 배밭은 유기질이 많고 물 빠짐이 좋은 영산강 언저리의 완만한 언덕에 있어 최적의 여건을 갖추고 있다. 까슬까슬한 돌세포가 적어 연하고 부드러운 나주 배는 달큼한 과즙도 입안에 흥건하다. 때깔 고운 배를 품은 오월의 배꽃이 차창을 따라 하얗게 달린다. 간간히 내리는 봄비에 배꽃이 희다. 한아한 배꽃의 정경이다.

배 먹고 이 닦기(배 먹고 배 속으로 이를 닦는다), 까마귀 날자 배 떨어진다, 배 썩은 것은 딸을 주고 밤 썩은 것은 며느리 준다, 배 주고 속 빌어먹는다, 떫은 배도 씹어 볼 만하다, 다문 입에 배는 안 떨어진다 등 조상으로부터 배는 즐겨먹던 과일인지라 속담도 많다.

또한 숨어 있는 전설도 있다. 옛날에 용왕의 아들 이무기는 항상 절 옆에 살면서 은근히 절의 일을 많이 도왔다. 어느 해 날이 무척 가물게 되어 곡식이 말라가고 채소가 타들어갔다. 사람들의 근심이 이만저만이 아니었다. 그래서 절의 스님은 이무기에게 부탁하여 비를 내리게 하였다. 모처럼 온 경내가 단비로 촉촉이 젖어들었고, 말라들어 가던 곡식과 채소들은 다시 생기를 찾았다. 그런데 하늘의 옥황상제는 이무기가 자기의 분수에 넘치는 일을 했다고 그를 죽이려 했다. 다급

해진 이무기는 절의 스님에게 호소했고, 스님은 부처님을 모신 단 밑에 이무기를 숨게 하였다. 조금 있으니 하늘의 사자가 절 뜰에 내려와서 이무기를 내려놓으라고 했다. 스님은 뜰 앞에 심어둔 늙은 배나무를 손가락으로 가리켰고, 하늘의 사자는 그 배나무에 벼락을 치고 하늘로 올라가버렸다. 벼락 맞은 배나무는 금방 시들기 시작했으나, 용이 한 번 어루만져주니 곧 생기가 감돌고 탈 없이 자라게 되었다. 그 후부터 배나무는 용의 보호를 받는 요긴한 나무로 알려져서 많은 사람들로부터 더욱 아낌을 받았다고 한다.

4월이면 하얀빛의 다섯 꽃잎이 잎겨드랑이에서 대개 송이씩 한데 붙어 피어나는 배꽃은 꽃말처럼 환상적이고 온화한 애정 어린 꽃이다. 한아한 부인의 자태 같은 꽃이다. 배의 꽃잎이 비처럼 흩뿌리는 양을 이화우(梨花雨)라고 한다. 한꺼번에 지는 벚꽃의 꽃비와 달리 바람결에 날리는 배꽃 비인 이화우는 순결한 아름다움을 품고 있다. 허난설헌의 시구에 '봄비 속에 배꽃은 희고(春雨梨花白)'라는 표현이 있듯이 봄비 속에 흰 배꽃에는 한국의 서정이 고스란하다.

고사된 배나무밭 사이로 길은 사라지고 없다
이미 반 년도 넘게 한쪽 옆구리가 기우뚱한
적산가옥이 한 채,
한 겹의 얇은 슬레이트로
내려앉으려는 하늘을 간신히
떠받들고 있다
떠나가고 없는 사람들
죽은 나뭇가지에
여전히 매달려 있는 죽은 배나무 잎사귀들
쿵, 쿵쿵쿵
한때는 저 잘 익은 먹골배의 씨방 속에
한 종지의 설탕물처럼 제법 홍건히 깃들였을
두근거림 따위는
이제 완전히 사라지고 없는 것이다
누구든지 후려칠 기세로
앙상하게 배배 틀린 회초리 같은 배나무들
아직은 한 사나흘 더
죽은 나뭇가지에 악착같이
매달려 있는 죽은 배나무 잎사귀들!

– 김명리, 〈배밭 속의 길〉

| 배꽃차 만들기 |

✿ 배는 과일로 먹는 것 외에 김치를 담글 때나, 소고기나 냉면 등의 요리에 이용하고 있다. 특히 소고기를 먹고 배를 한두 조각 먹으면 소화가 잘된다.
옛날 어느 농부가 송아지를 배나무 밑에 매어두고 잠깐 볼일을 보고 왔더니 송아지는 간 데 없고 고삐만 남아 있더라는 이야기가 있다. 배나무가 송아지를 소화시켜버렸다는 우스개인데, 그만큼 배의 소화력이 뛰어나다는 말이다.

1. 마른 배꽃차 만들기

① 막 피어난 꽃송이를 따서 깨끗이 손질하거나 살짝 씻는다.
② 그늘에서 일주일 남짓 말려 밀봉 보관한다.

2. 배꽃차 마시기

① 배꽃은 독성이 없어 생꽃을 찻잔의 뜨거운 물에 띄워 아름다움을 감상하며 2분 동안 우려내어 마신다.
② 마른 배꽃 두세 송이를 찻잔에 넣고 뜨거운 물을 부어 2분간 우려 마신다.

차를 우려낸 배꽃을 다시 말려 다른 봄꽃과 함께 입욕제로 써도 좋다.

우리나라가 원산지인 등나무 가지는 덩굴이 되어 길게 뻗어 10미터 이상으로 자란다. 짧은 기간 동안에 그늘을 만들고, 꿈틀거리는 듯 힘찬 모습이 장관인 줄기는 오른쪽으로 감겨 올라간다. 여기서 나온 말이 일이 까다롭게 얽혀 풀기 어려울 때 쓰는 '갈등(葛藤)'이다. 갈(葛)은 칡을, 등(藤)은 등나무를 가리키는 말로 등나무는 오른쪽으로, 칡은 왼쪽으로 감고 올라가는 성질이 있어 이들이 만나면 서로 먼저 감고 올라가려고 해서 생겼다고 한다.

등꽃

키 : 10미터 이상

꽃 : 5~6월

학명 : *Wisteria floribunda* (Willd.) DC.

봄 꽃차여행

등꽃차

보라 등불 밝히는 이승에 줄지어 기다리는

한반도의 등뼈인 태백산맥 꼬리 부분에 부산의 '산'인 금정산이 있다. 표고 802미터의 금정산 자락에는 합천 해인사, 양산 통도사와 함께 영남 3대 사찰로 꼽히는 범어사가 자리한다. 678년 신라의 고승 의상이 세운 범어사는 서산대사, 경허스님 등 고승을 낳은 사찰로서 뿐 아니라 네 군데 숲으로도 유명하다.

일주문에 닿기 전 오른쪽에 노송이 울창한 숲, 경내에는 하늘로 쭉 뻗어 자라는 대숲과 일주문을 지나 천왕문, 불이문을 오르면 오른쪽에 작은 대나무 숲, 그리고 금강암으로 오르는 길에 펼쳐지는 바위 숲, 끝으로 일주문 옆 개울을 따라

범어사 등나무

오르면 나타나는 우거진 등나무 숲이다.

천연기념물 176호로 지정된 범어사 등나무 군생지(群生地). 어른 두어 명이 누워도 넉넉할 너럭바위가 지천에 널렸고, 그 사이로 작은 개울이 흐르는 계곡 주변에 등나무 400여 그루가 어울리며 우리나라 어디에서도 볼 수 없는 희귀한 군서지를 이룬다. 스님들은 이 계곡을 등나무가 서로 엉킨 형태가 기괴하고 등꽃이 구름처럼 모여 있는 양 해서 등운곡(藤雲谷)이라 불러 왔다. 물론 등나무 외에도 소나무, 팽나무, 서나무, 개서어나무, 층층나무와 같은 교목성 활엽수도 섞여 있다. 하지만 6헥타르 정도의 넓은 땅에서 서로 등을 기대며 40센티미터 둘레의 줄기가 약 25미터로 뻗고, 상태도 좋은 백 살 넘은 나무가 함께 자라는 매우 드문 등나무 군생지이다. 신라 화엄 10찰(華嚴十刹) 가운데 하나인 범어사에는 여러 보물이 있지만, 여기서 무리를 지어 자라는 등나무는 살아 있는 또 하나의 보물이다.

나무와 풀이 한데 어울려 살아가는 숲의 공생 원리를 지키지 않는 나무가 등나무다. 홀로 서지 못하는 등나무는 무언가를 감아야 살 수 있어 큰 나무 줄기를 칭칭 감고 올라간다. 이때 등나무에 감긴 나무는 목 졸리듯 말라죽어간다. 어쩔 도리 없는 등나무의 살아내기다. 기댈 나무가 없으면 자기들끼리 몸을 꼬아 올라 다른 나무에 가지를 걸친다. 혹은 나무와 나무 사이에 축 늘어져 있다. 등나무 가지에 감겨 말라죽은 나무와 꼬여 늘어진 등나무가 한데 어울린 등운곡 숲이 영화에서나 볼 법한 정글이다. 세계 어디에서도 드문 등나무 군생지인 범어사 등나무 군생지에는 눈여겨보지 않으면 잘 뵈질 않는 저 높은 데에 등꽃이 종종 달려 있다.

그런데 등나무는 부부의 애정을 깊게 해주는 나무라고 한다. 등나무꽃을 말려서 신혼부부의 이불 속에 넣어두면 부부의 금슬이 좋아지고, 부부 사이가 벌어졌을 때 등나무 잎을 삶은 물을 마시면 갈등이 없어지고 애정이 다시 회복된다는 것이다. 그래서 옛날에는 사이가 좋지 않은 부부에게 그 물을 마시게 하는 습속이 있었다고 한다. 이 때문에 등나무꽃이 필 무렵이면 부인들이 등꽃을 따러 나선다. 특히 경주시 현곡면 오류리에 있는 등나무에 꽃이 필 때면 부부들이 찾아와 애정이 뜨거워지기를 빌고 간다고 한다. 천연기념물 제89호인 경주시 현곡면 등나무에는 애달픈 전설이 전해져 온다.

옛날 서라벌 점량부(漸梁部) 현실내(見谷川)에 한 농가가 있었다. 농가의 부부에게는 딸만 둘 있었는데, 언니는 홍화(紅花)라 하였고, 동생은 청화(靑花)라 불렀다. 홍화와 청화는 어릴 때부터 떨어져 본 일이 없이 같이 자랐고, 어느새 18세와 16세가 되었다. 두 자매는 언제나 같이 자고 일어나며 다니기에 무슨 일이고 비밀이 없었다. 그런데 지난해부터 서로 몰래 숨기는 한 가지 일이 생겼다. 지난해 추석날 젊은 화랑들이 말을 달리고 활을 쏘며 창을 던지는 경기장에 놀러 갔다가 한 화랑을 같이 사모하게 되었다. 그러나 두 자매는 사랑의 고백을 그 화랑에게 전하지 못한 채 속만 태우고 있었다. 자매끼리도 고민을 말하지 않은 채 비밀로 간직했다. 때는 삼국의 말엽이라 국경지대에서 전쟁이 빈번하였고, 그 청년도 드디어 출전하게 되었다. 홍화와 청화는 청년을 전송하기 위해 나갔다가 비로소 한 청년을 같이 사랑하고 있음을 알게 되었다. 그러나 얼마 지나지 않아 그 화랑이 전사했다는 슬픈 소식이 들려왔다. 홍화와 청화는 서로 껴안고 울었다. 슬픔을 이기지 못한 두 자매는 꼭 껴안은 채 깊은 못으로 뛰어들었다. 괴롭고 아픈 사랑을 잊으려고 꽃 같은 생명을 버린 것이다. 그 후 홍화와 청화는 못가에서 등나무로 태어났다.

홍화와 청화가 몸은 둘이지만 뜻은 하나인 것처럼, 등나무는 두 그루인데 줄기는 하나로 엉켜 자랐다. 그 한 줄기의 몸체에서 많은 가지가 뻗어 올라 하늘을 덮었다. 그런데 죽은 줄 알았던 화랑이 돌아왔다. 이 사연을 듣게 된 청년은 그도 자매의 뒤를 따라 연못에 몸을 던져 죽었는데, 그 얼이 팽나무가 되어 자랐다고 한다. 두 그루의 등나무는 팽나무를 얼싸 안 듯 휘감고 수백 년을 자라면서 지금도 봄이면 꽃을 피우고 있다.

등나무 힘찬 줄기와 무성한 잎은 파골라에 시원한 그늘을 만든다. 오월에 2주 동안 피는 등꽃은 시원한 파골라 그늘에서 보랏빛 꿈의 절정에 이르게 한다. 긴 꽃대에 꽃자루가 있는 여러 개의 꽃이 어긋나게 붙어서 밑에서부터 피기 시작하여 끝까지 30~40센티미터 총상화서로 피는 꽃은 지름 2센티미터 연보랏빛으로 핀다. 바쁜 걸음에 종종거리던 이도 잠시 쉬어가게 하고, 찬란한 봄을 잊은 현대인에게 오월의 꽃을, 그리고 눈부신 생명력을 기웃거리게 하는 등나무꽃이다. 그리고 잉잉거리는 벌의 군무가 어우러진 보랏빛 향연에 가쁜 몸도 마음도 벗어두게 한다.

이 꽃은 어린잎과 함께 나물로 해먹는데, 특히 꽃으로 만든 나물은 등화채(藤花菜)라고 한다. 꽃은 화려한 색채로 드레싱에도 어울리고 꽃얼음을 만들어 화채에 써도 좋다. 가을에 익은 종자는 볶아 먹으면 해바라기 씨같이 고소하다. 한방에서는 등나무 뿌리를 이뇨제나 부스럼 치료약으로 쓰고, 줄기에 생긴 혹은 위암 치료에 효과가 있다고 하나 정확한 의학적 근거는 밝혀지지 않았다. 등나무 줄기는 탄력이 있고 모양이 좋아서 지팡이를 비롯해 가구나 생활공예품으로 만들어 썼다. 그리고 신라 때에는 등나무로 만든 섬유가 있었고, 고려에는 등나무 섬유로 만든 종이 섬등지(纖藤紙)에 대한 기록이 있다. 그리고 등나무로 향을 만들기도 했는데, 중국에서는 향기가 좋고 자색 연기가 하늘로 곧게 올라가 연기를 타고 신이 내려온다고 해서 등나무 향을 많이 쓴다.

| 등꽃차 만들기 |

✿ 그동안 민간 습속에 의해서 달여 마시던 등나무꽃차에서 약리적 효능이 속속 밝혀지고 있다. 한국식품영양과학회지에 발표된 <등나무꽃 추출물의 항산화 활성>이란 논문에서는 '등나무꽃 추출물의 산화적 스트레스에 의한 DNA 손상 억제 효과'를 평가하는 실험에서 등나무꽃 추출물이 천연 항산화제로서의 잠재적 가능성을 가지고 있음을 보고했다. 아름다운 꽃과 향기, 꿀, 그늘로 우리와 밀착된 등나무에서 이런 약리적 기대감을 가질 수 있다니 등꽃을 보는 일이 더욱 흐뭇하다. 5월 시원한 등나무 그늘 아래서 보랏빛 향이 피어오르는 등꽃차 한잔으로 5월의 신선이 되어보면 어떨까.

1. 마른 등꽃차 만들기

① 등나무꽃을 꽃차례 전체를 채취해서 하나씩 깨끗이 손질하며 딴다.
② 깨끗이 씻어낸 후, 물기를 거둔다.
③ 바람 통하는 그늘에서 일주일간 말린다.
④ 햇빛에서 다시 바싹 말린 후 밀봉해서 보관한다.

2. 저장용 등꽃차 만들기

① 등나무꽃을 꽃차례 전체를 채취해서 하나씩 깨끗이 손질하며 딴다.
② 깨끗이 씻어낸 후, 물기를 거둔다.
③ 등나무꽃을 켜켜로 놓고 설탕을 뿌린다. 그리고 꿀을 맨 위에 뿌려 재운다.
④ 일주일 간 실온에서 숙성시킨 후 냉장 보관한다.

2. 등꽃차 마시기

① 마른 꽃 두세 송이를 찻잔에 넣고 뜨거운 물을 부어 2분간 우려 마신다.
② 저장한 꽃과 즙 한 찻술을 찻잔에 넣고 뜨거운 물을 부어 2분간 우려 마신다.

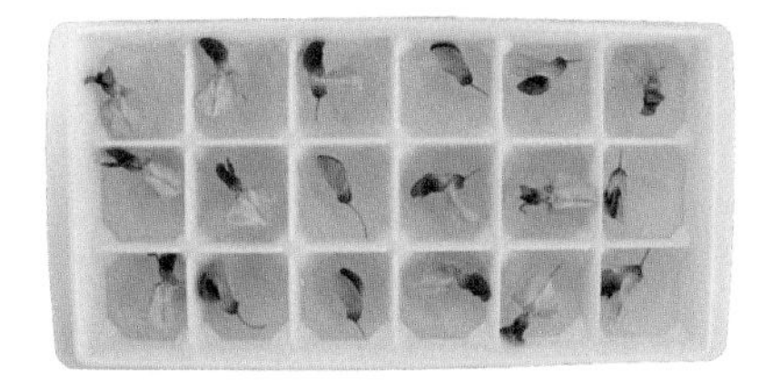

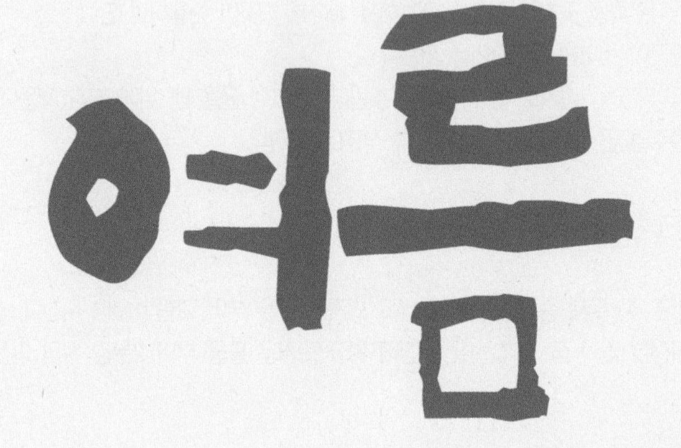
여름

꽃차여행

장미과의 관목인 찔레나무는 산야가 온통 꽃으로 피어나는 초여름에 하양 혹은 연분홍 꽃을 원추(圓錐)화서로 피운다. 2미터 정도 높이로 자라며 산과 들에서 자라는데, 나무껍질은 흑자색이며 줄기에 날카로운 가시가 많다. 원산지가 우리나라인 찔레꽃은 백의민족에 퍽 어울리는 소박한 하양이다. 겸손한 하양과 소박한 모양새는 설핏 스치기 쉬우나 오히려 은은한 향기가 눈길을 붙든다.

'찔레꽃머리'는 찔레꽃이 처음 피기 시작할 무렵을 말한다. 바람결 따라 흩어지는 향기도 여름이 끝날 무렵 꽃 따라 진 자리에 열매가 빨갛게 익는데, 앙증맞은 이 열매를 영실(營實)이라 하여 약재로 썼다. 찔레에는 잎과 화서 사이에 털이 있는 털찔레, 잎의 길이가 작은 좀찔레, 잎의 가장자리가 밋밋하고 암술대에 털이 있는 재주찔레, 이와 비슷하지만 붉은빛을 띤 국경찔레 등의 품종이 있다.

찔레꽃
키 : 2미터
꽃 : 5월
학명 : *Rosa multiflora* Thub.

여름 꽃차여행
찔레꽃차

치유의 향기로 오붓한 축제를 열다

서울은 땅과 하늘의 경계가 먼 산도 가리는 아파트 스카이라인이다. 한강을 따라 아파트가 세워진 것인지, 아파트를 따라 한강이 흐르는 것인지 한강의 조망 범위도 늘어선 아파트 성벽이다. 서울의 빈 땅은 재개발 예정지로 빈 땅이 아니다. 강동구 음식물 재활용센터로 들어가 고덕생태복원지를 찾아가는 길에는 꽤나 넓은 비닐하우스촌을 경유한다. 서울에 웬 생태마을인가 싶다가도 알박기가 아닐까 하는 섣부른 의혹이 들었다.

낡은 비닐하우스 안에는 세상 물정 모르는 채소들이 파랗고, 너덜거리는 문짝의 행렬을 지나니 올림픽대로 아래 굴다리가 나오고, 너머에 고덕수변생태복원

지 입간판이 하얗게 웃고 있었다.

고덕생태복원지는 서울시에서 지정한 생태경관보존지역으로 올림픽대로와 한강 사이에 동에서 서로 길게 뻗어 있다. 원래는 올림픽대로 남서쪽으로 산림과 맞닿은 곳이었는데, 차들이 질주하는 대로가 생기면서 산림과 한강변이 끊어지게 되었다. 한강 상류에서 침식된 부유물이 쌓여 자연적인 중요 장소로 회복되었고, 강변 경사가 급한 암반지대도 보존가치가 높다. 갈대, 부들 등 다양한 수변식물이 자라고 청둥오리, 흰뺨검둥오리, 박새, 곤줄박이 등의 조류가 둥지를 트는 도시생태계 상에서 자연 그대로가 잘 보존되어 있다.

금연, 그물낚시금지, 자전거출입금지, 애완동물출입금지란 금지를 강조하는 것에서부터 마음도 크게 열고, 귀도 쫑긋하고, 눈도 크게 뜨라는 오밀조밀한 안내 표지가 곳곳에 있다.

어귀에서부터 덤불을 이룬 하얀 찔레꽃이 짙은 향기로 발길을 끌었다. 사뿐한 모래밭에 오월의 찔레꽃 축제가 열리고, 아파트 성벽으로 둘러싸인 한강변에 하얀 향기가 흘러내렸다. 향기를 스치듯 자전거 행렬이 스치는 고덕생태복원지 풍경이었다.

찔레꽃에도 곱고 향기로운 꽃에 으레 따르는 전설이 있다.

고려 때 중국 원나라에 바치는 공녀(貢女)로 처녀 '찔레'도 끌려가게 되었다. 찔레는 어느 몽고 사람 집에서 살게 되었는데, 마침 마음씨 좋은 주인은 찔레에게 호된 일은 시키지 않고 그녀를 보살펴주었다. 지위도 높았고 부자인 주인이 찔레를 몹시 귀애해 아무도 그녀를 괴롭히지 않았다. 찔레는 호화롭고 편안했으나 머릿속에는 언제나 그리운 고향, 그리운 부모, 그리고 동생들 생각이 떠나질 않았다. 찔레의 향수는 무엇으로도 달랠 수가 없었고, 고향 그리는 마음으로 10년 세월을 눈물로 보냈다. 찔레를 가엾이 여긴 주인은 고려로 사람을 보내 찔레의 가

족을 찾아오라고 했다. 그러나 10년이라는 긴 세월 동안 찔레의 집에도 큰 변화가 생겨 심부름 간 사람은 찔레의 가족을 찾지 못하고 그냥 돌아왔다. 주인은 낙담한 찔레를 고려로 보내주었다. 찔레는 동생을 찾아 집터 주변 산속을 여기저기 헤맸으나 끝내 그리운 동생을 찾지 못해 절망에 빠지게 되었다. 찔레는 오랑캐 나라로 돌아가느니 차라리 죽는 것이 낫다고 생각하고 그만 죽고 말았다. 그녀가 죽은 후 동생을 찾아 헤매던 골짝, 개울가, 산길마다 그녀의 마음은 흰 꽃이 되고, 그가 흘린 눈물은 빨간 꽃이 되고, 동생을 부르던 애절한 소리는 향기가 되어 온 산천에 곱게 피어났다고 한다.

그런데 '화냥년(서방질을 하는 여자)'이란 말이 환향녀(還鄕女) 찔레의 전설에서 나왔다는 일설이 있다. 고향으로 돌아온 환향녀 찔레를 고향 사람들은 더럽혀진 여자로 내쳤다. 그리운 부모도 동생도 찾지 못한 절망감에 고향 사람들의 냉대까지 견디기 힘든 찔레였던 것이다. 화냥년이란 비속어가 그렇게 시작되었으니 찔레꽃이 참으로 처연하다.

보릿고개 시절 요긴한 간식거리였던 찔레순은 비타민이나 각종 미량 원소가 듬뿍 들어 있어 허기를 덜어줄 뿐 아니라 영양섭취도 되었을 것이다. 장미근(薔薇根)이라는 뿌리는 황달이나 급성 간염 치료제로 쓰이고, 반지르르하고 앙증맞은 붉은 열매 영실(營實)은 당뇨병이나 월경통, 피부병에 효험이 있다. 독성이 없는 꽃은 향기만으로도 충분한 효능이 있다. 대개 향기가 강한 꽃들이 다량으로 함유한 방향성의 정유 성분은 정신 안정과 흥분을 가라앉히는 진정 효과를 보인다. 향수의 원료로 쓰이는 찔레꽃 향기는 불면증을 치유하기도 한다. 그리고 두통이나 눈이 매우 피로할 때 찔레꽃차를 마시면 머리가 가벼워지고 눈이 맑아지는 것을 느낄 수 있다. 이런 것들이 바로 찔레꽃의 진정 작용이다. 조상들은 여름에는 찔레꽃을, 가을에는 모과나 탱자를 방에 두고 자연의 향을 풍류로 즐겼다.

곳곳에 떠들썩한 축제가 벌어지는 5월. 온 산야에 저대로 하얗게 피어나는 찔레꽃 덤불에 서서 치유의 향기로 오붓한 축제를 벌일 일이다. 이것이 우리의 향이고 멋이다.

| 찔레꽃차 만들기 |

✿ 한의학에서 석산호(石珊湖)라 불리는 찔레는 뿌리, 꽃, 열매가 상당수의 병을 치료하는 약재로 널리 쓰인다. 약간 쓴맛과 떫은맛이 나는 꽃은 위장에 들어가서 염증을 가라앉히고 열을 내려주며, 혈압 강하에도 미력하지만 효과를 나타낸다. 매력적인 향은 혈액순환을 원활히 하고 머리나 눈을 맑게 한다.
꽃술이 샛노란 것으로 채취한 후 벌레가 많이 꼬이는 꽃받침을 제거해서 꽃차로 사용하는데, 약간 달며 성질이 서늘하다. 소변을 잘 나가게 해 부종을 다스리는 꽃차는 불면증 해소에 도움이 된다.

1. 마른 찔레꽃차 만들기

① 벌레 등을 확인한 후 깨끗이 손질한다. 찔레순도 함께 사용하면 좋다.
② 꽃이 붙지 않게 채반 위에 널어 편다. 센 김이 오르는 솥에 15초간 쪄낸다.
③ 바람이 잘 통하는 그늘에서 사흘간 바싹 말린다.
④ 밀봉해 냉장 보관한다.

2. 저장용 찔레꽃차 만들기

① 손질한 꽃을 용기에 넣고 켜켜로 설탕에 재운다.
② 일주일 후 꿀을 위에 붓고 숙성시킨다.
③ 냉장 보관 한 달 후부터 사용한다.

3. 찔레꽃차 마시기

① 마른 찔레순을 찻잔에 넣고 끓인 물을 붓는다.
그 위에 꽃을 띄워 2분간 우려 마신다.
② 꿀에 재운 찔레꽃잎 두세 장을 찻잔에 넣고 끓인 물을 부어 2분간 우려낸다.
꽃잎을 추가하거나 마른 찔레순을 함께 우려도 좋다.

아까시나무는 북아메리카가 원산으로 30미터 높이까지 자란다. 깃 모양 긴 원형의 작은 잎 9~19장을 한 잎의 대에 달고, 5~6월이면 긴 꽃대에 꽃자루가 있는 여러 개의 꽃이 우윳빛 나비 모양으로 어긋나게 붙어 밑에서부터 피기 시작하여 끝까지 핀다. 달큼한 향기가 아주 강하다.

아까시꽃
키 : 25미터
꽃 : 5~6월
학명 : *Robinia pseudoacacia* L.

여름 꽃차여행
아까시꽃차

벌 잉잉, 구름 뭉실, 나비 훨훨

땔감용 나무로 들여왔다가 황폐한 땅을 복구하는 데 앞장세우던 아까시나무였다. 한때는 도심 어디에서도 키 큰 아까시나무가 자랐고, 꽃향기 진한 5월에는 깃처럼 생긴 잎을 손에 들고 가위 바위 보로 이긴 사람이 진 사람의 잎을 하나씩 따 나가 마지막까지 잎이 남는 사람이 이기는 놀이를 했다. 그런데 바위를 부수고 무덤을 뚫을 정도의 왕성한 맹아력으로 홀대 받게 된 아까시나무를 이제는 산림에서도 찾아보기 어렵다. 노래에서나 추억이 되어버린 아까시나무를 서울시 동대문구 배봉산 근린공원에서 아까시꽃 큰 잔치로 만났다.

오래전 배나무가 많아 '배봉'이라 불렀던 이 산에 사도세자의 묘인 영우원(永祐

園)과 정조의 후궁인 수빈 박씨의 묘 휘경원(徽慶園) 등의 왕실 묘원이 자리하면서 지나던 서민들이 고개를 숙였고, 한편 도성을 향해 절을 하는 형세를 띠어 배봉산(拜峰山)이라 부르게 되었다.

1992년에 공원으로 지정된 배봉산은 표고 110미터로 산이라기보다 편히 오르내릴 언덕으로 '공원 속의 도시, 서울 만들기'의 정책이 돋보였다. 서울시립대학교, 삼육보건대학교가 가까운 찻길에서 육교로 연결된 배봉산에는 잘 닦인 황톳길을 따라 높이 자라는 아까시나무가 건너편 고층 아파트를 가렸다. 도로변을 따르는 높다란 아까시나무는 도로의 소음을 갈라내어 고요한 아늑함을 자아냈다. 그리고 향기 진한 아까시꽃이 하늘가를 구름같이 하얗게 덮고 있었다.

우리나라에는 1891년 일본 사람이 중국 북경에서 묘목을 가져와 인천에 심은 것이 처음으로 당시 부족한 연료를 해결하려고 속성수인 이 나무를 황무지에 심은 것이라고 한다. 그리고 고(故) 박정희 대통령이 임기 중에 민둥산에 치산 녹화

산업을 벌이면서 함부로 산에 들어가지 못하게 가시가 많은 아까시나무를 입구에 심어 더 널리 퍼졌다. 추위를 잘 견디고 공해에 강하며 척박한 땅에서도 번식력이 왕성해서 어디에서라도 쉽게 볼 수 있는 나무가 되었고, 잘 썩지 않는 목재 철도 침목으로 썼으며, 목공예 재료로도 쓰였다. 더구나 아까시나무는 꿀벌나무(Bee tree)라고도 할 만큼 꿀이 많이 나온다. 꽃송이 하나하나를 들여다보면 벌이 찾아와 꿀을 가져가기에 좋게 꿀샘 부분이 진한 색이다. 배봉산 공원에도 아까시나무에 잉잉거리는 꿀벌들에게서 꿀을 얻어가려는 약삭빠른 사람에게 경고판을 내건 걸 보니 꿀벌도 마음 놓고 아까시나무를 희롱하기는 어려운 세상이다.

그런데 아까시나무는 줄기를 자르면 어린 새 가지가 더욱 쏟아져 나오는 끈질긴 생명력을 가지고 있다. 너무 왕성한 맹아력으로 생태계 교란이 염려된다고도 하고, 가시가 많아 싫어하는 사람들이 늘어나자 베어내기 시작했다. 그렇게 베어

도 아까시나무의 생명력은 계속 돋아나기에 없애는 방법까지 알려지게 되었다. 줄기를 자르고 난 후 새로 나온 가지를 30~40센티미터 남기고 잘라서 석유나 제초제 등을 넣은 병 속에 그 끝을 담가 두면 줄기로 약물이 흡입되어 뿌리까지 완전히 죽게 된다는 것이다. 왕성한 생명력으로 왔다가 그 생명력이 자리를 잡으니 이제는 그 생명력을 진저리치는 사람들로 마구 베어지고, 심지어 약물로까지 죽어가는 아까시의 아이러니한 생이다.

아까시나무는 척박한 땅에서도 잘 자라지만 원래는 비옥한 토양을 좋아한다. 이 나무는 대표적인 밀원 식물로 꽃과 잎, 열매, 질 좋은 목재까지 하나도 버릴 게 없는 경제적 가치뿐 아니라 덕 또한 많다. 우리 조상들은 허기진 배를 채우러 아까시나무 꽃을 한 움큼 따서 생으로 먹거나 버무리떡으로 해먹었다. 그리고 토끼나 소 같은 가축들이 아까시나무의 잎을 좋아해 시골 사람들의 생활 속에 깊숙이 자리했던 나무였다. 지금도 꽃과 잎을 나물로 무치거나 볶아 쓰며 혹은 튀기기도 하는데, 생꽃으로 만든 샐러드는 달콤하면서 향기로운 봄의 성찬이 된다. 아까시나무 뿌리껍질은 민간요법의 약재로도 쓰이는데, 생장 휴지기에 채취하여 말려두었다가 변비나 오줌소태가 났을 때 달여 먹었다. 벌겋게 드러난 흙산을 급히 메우기 위해 찾을 때는 언제였던 양 지금은 우거진 산에서 버림받는 신세로 전락한 아까시나무다. 그러나 그 덕마저 팽개치면 되겠는가.

아까시나무에서 얻는 꿀은 국내 꿀 생산량의 75퍼센트를 차지해 양봉농가에게는 더욱 귀한 아까시나무다. 그런데 요즘 지구 온난화 현상으로 꽃이 한꺼번에 피어 채밀 기간이 줄어들고, 과수와 원예작물의 꽃가루받이를 매개하는 꿀벌이 없어져 식량 생산에 지장을 주고 있다. 아까시나무의 채밀 기간과 채밀량을 늘리게 되면 벌의 사육에도 도움이 되고, 꿀의 생산량도 늘어날 것이다. 이 대안으로 2010년에 아까시나무 품종이 개발되었다. 꽃이 2~3일 일찍 피는 조기개화 품종과 꽃이 3~5일 정도 늦게 피는 만기개화 품종, 그리고 꿀을 두 배 정도 많이 생산하는 다밀성 품종이다. 이 세 가지 품종을 한 장소에 심으면 채밀기간을 두 배로 연장할 수 있고, 채밀량도 두 배 정도 늘릴 수 있어 양봉가의 소득뿐 아니라 다른 작물의 꽃가루받이에도 크게 기여할 것으로 기대된다.

아까시꽃이 활짝 피어 온 산, 온 거리가 향기로 젖을 때 부드러운 평화가 가슴 언저리에 일렁였던 기억은 누구에게나 있을 것이다. 이따금 계절에 지칠 때가 있다. 이때 나비 같은 하얀 꽃이 모여 있는, 꿀벌의 군무가 잉잉거리는 높다란 아까시나무 아래 서서 구름같이 피어나는 향기를 꽃차로 마셔볼 일이다.

| 아까시꽃차 만들기 |

✿ 신록이 무성할 때 높은 아까시나무에 흰 나비 꽃이 총상꽃차례로 날기 시작한다. 이때 아까시꽃과 잎을 함께 달인 차로 여름 향기를 미리 만나자.
카날린, 탄닌, 플라보노이드 등이 함유된 아까시꽃 자괴화(刺槐花)는 월경 주기가 아닌데도 갑자기 출혈이 있는 혈붕(血崩)이나 목구멍에서 피 덩어리나 피가 나오는 각혈(咯血), 토혈(吐血)의 병증과 신장염에 약으로 쓴다. 그리고 꽃의 꿀에는 당, 아스파라긴산, 글루타민산 등의 아미노산이 여러 종 들어 있고, 신선한 잎에는 비타민 C가 들어 있다. 그런데 갓 돋은 잎은 약한 독성을 일으킬 수 있어 세심한 주의를 해야 한다.

1. 마른 아까시꽃차 만들기

① 아까시꽃을 하나씩 따서 찬물에 살짝 헹군다.
② 물기를 거둔 후 그늘에서 일주일간 말린다.
③ 다시 햇볕에서 두세 시간 말린 후 밀봉해 보관한다.

2. 아까시꽃차 마시기

① 마른 아까시꽃 열 송이를 찻잔에 넣는다.
이때 말린 아까시 잎을 같이 넣어도 된다.
② 끓인 물을 한 김 뺀 후 찻잔에 부어 2분간 우려 마신다.

3. 기타 이용법

아까시꽃을 얼음 틀에 넣어 만든 꽃얼음을 냉녹차에 띄워 마시면 여름 풍류차로 좋다.

우리나라가 원산지인 인동덩굴은 함경도를 제외한 전국에서 자라고, 반상록 활엽으로 3~4미터 높이까지 자라는 덩굴성 관목이다. 이름 그대로 추위에 잘 견디고 건조한 곳에서도 햇볕만 받으면 생육이 왕성하며 공해에도 강해 척박한 땅의 녹화 또는 아치에 감아올리는 울타리로 적당하다.

줄기나 잎은 인동등(忍冬藤), 꽃봉오리는 금은화(金銀花), 과실은 은화자(銀花子), 꽃봉오리의 수증기 증류액은 금은화로(金銀花露)라고 하여 약용한다. 그 밖에 인동꽃의 수술이 할아버지의 수염과 같다고 하여 '노옹수', 꽃잎이 펼쳐진 모양이 해오라기 같다고 하여 '노사등', 꿀이 많은 덩굴이어서 '밀보등', 귀신을 다스리는 효험 있는 약용식물이라 하여 '통령초'라고도 하는 다채로운 이름을 가진 인동이다.

인동
키 : 3~4미터
꽃 : 6~7월
학명 : *Lonicera japonica* Thunb.

여름 꽃차여행

인동꽃차

금으로, 은으로, 향기로 말아올린

'생태보전의 중요성'을 알리는 생태공원을 찾았다. 지구 온난화로 벌어지는 세계 곳곳의 참사를 보면서 생태에 대한 관심이 부쩍 높아지는 즈음이다. 그리고 지구가 인간을 위해 존재한다는 시각을 전환해야 한다는 소리가 절박하다.

반세기 전 프랑스의 신학자이자 철학자이며 고생물학자인 테이야르 드 샤르댕은 "인간은 150억 년간 지속되어 온 우주의 진화를 생각할 수 있는 진화의 총체적인 합이다"라고 주장했듯이, 우주는 인간을 통하여 우주 자체의 의미를 숙고할 수 있다. 인간은 우주의 존재양식이자 지구의 표현인 것이다. 인간의 몸을 이루는 세포가 몸이라는 큰 생명체를 구성하듯 지구는 확장된 우리 자신이자 몸이다. 지구는 수많은 생명체가 살고 있는 행성이 아니라 지구 자체가 살아 있는 생명체이며 그 거대한 생명체 위에 수많은 생명체가 더불어 살고 있는 것이다. 아인슈타인은 "인류는 특별한 시공간에 한정된 우주라고 부르는 전체의 부분이다. 인간은 자신을 전체와 분리된 듯이 느끼고 생각하고 경험하는데, 이는 인간의식이 만들어낸 환상일 뿐이다. 이 환상은 우리 가까이에 있는 몇몇 사람들을 위해서만 욕망과 애정을 표현하도록 우리 삶을 제한하고 우리를 감옥에 가둔다. 우리의 임무는 이 감옥에서부터 해방하여 모든 생명체와 전체 자연의 아름다움을 감싸안도록 연민을 확장해 나가야 한다"고 인간과 자연에 대한 의식개선을 강조했다.

다른 생명체와 분리된 인간중심적이고 제한된 시각은 지구 전체 생명과의 조화를 무시하게 했고, 인간의 영광은 결국 지구의 황폐화를 초래했다. 인류는 그야말로 신생대가 붕괴되는 시점에 도달한 것이다. 그러면 이제 우리에게 어떤 시대가 도래할 것인가. 생태신학자이자 문화사학자인 토마스 베리는 "인류를 위하고 지구를 위한 다른 가능성은 생태대(ecozoin era)의 도래다. 이 길만이 인류와 지구를 위한 유일한 선택이다"라고 강변했다.

그런데 기계적 문명에 길들여진 사람들은 생태를 앞세우면서도 그럴듯한 생태의 포장에 급급하고 본질을 잘 챙기지 못한 실수로 끝내 참사를 겪기도 한다. 인류와 지구의 생태대는 진정성 있는 생태 연구와 그에 따르는 실천에 있지 않을까.

양재역에서 우면산행 버스를 갈아타고 종점에 내리면 담장 안의 아담한 집들에 호기심이 생기는 주택가가 있다. 꽃들이 내걸린 전원풍의 집들을 따라 조요한 길을 5분 정도 걸으면 막다른 산기슭에 우면산자연생태공원이 기다린 양 열려 있다.

우면산 생태공원

양호한 자연 상태와 참나무 군락지를 활용하여 '도시림'과 '산림의 문화'를 주제로 한, 도심 속 자연학습과 생태보전을 접하게 되는 우면산 자연생태공원이다.

도심의 후텁지근한 더위를 가시게 하는 짙은 녹음 깔린 숲길에 뻐꾸기 소리가 가깝고, 고마리, 노란물봉선, 노루발, 노루오줌, 달맞이꽃, 닭의장풀, 개머루, 며느리배꼽, 물봉선, 미나리아재비, 뱀딸기, 병꽃나무, 산딸기, 산초나무, 생강나무, 큰애기나리, 약모밀, 애기똥풀, 오동나무, 원추리, 은방울 등 온갖 야생화와 꿩, 너구리, 다람쥐, 족제비, 청설모 등의 서식동물을 안내하는 표지판이 친절하다. 그리고 공원안내소에서 대여 받은 안내단말기를 탐방 코스에 설치된 센서에 접촉하면 관찰물의 설명을 들으며 탐방할 수 있으니 신세대 탐방로드였다. 아이들 웃음이 까르륵 퍼지는 연못에 수련이 피어나고, 못가를 따르는 길에 하얗고 노란 인동이 여름 한가운데서 피어나고 있었다.

옛날 작은 약방을 꾸리고 사는 늙은 부부에게 외동딸이 있었다. 인물이나 맵시가 곱고 마음씨도 고운 딸은 머리에 금빛 은빛 나는 꽃을 꽂고 다니기를 좋아해 금은화 처녀로 불렸다. 마을 처녀들은 금은화 처녀의 멋있는 치장을 따르기도 했다. 그런데 금은화가 열여섯 나던 해 마을에 큰 병이 돌게 되었다. 명의의 좋은 약에도 마을 사람들은 죽어 나가, 금은화와 부모는 돌림병에 좋은 약을 지어보려고 밤낮 침식을 잊고 애를 썼다. 그러나 어머니마저 전염되어 드러눕게 되고 명의의 약 처방에도 낫질 않자, 금은화는 홀로 밤을 새워가며 약을 지었다. 그리고 자신이 지은 약을 시험적으로 어머니께 달여 드렸다. 토하고 설사하던 어머니의 병세가 기적처럼 호전되었고, 며칠이 지나자 완쾌하게 되었다. 금은화는 마을 사람들에게 역병을 물리치는 약을 무상으로 가져가라고 했고, 드디어 마을의 돌림병은 완전히 퇴치되었다. 이 소문을 들은 나라의 한 대신이 자신의 모자라는 아들과 금은화를 결혼시키려 했다. 그러나 금은화와 그녀의 부모가 응하지 않자 대신은 막무가내로 금은화를 잡아갔다. 자리보존한 중환자인데다 말도 못하는 대신의 아들에게 기가 막힌 금은화는 며칠을 울다가 어느 날 어둔 밤에 도망을 해버렸다. 그러나 대신이 사람을 시켜 다시 붙들러 오자 금은화는 산세 험한 길목에서 뛰어내리고 말았다. 마을 사람들은 슬퍼하며 금은화를 마을의 가장 아름다운 곳에 묻어주었다.

그로부터 얼마 안 되어 무덤에서 하얀색 꽃이 피어났는데, 2~3일 후 다시 황금빛으로 변하면서 향기를 풍겼다. 이듬해 다시 마을에 눈병이 돌게 되자 사람들은 금은화 무덤에서 난 꽃이 눈병을 고쳐줄 것이란 믿음으로 꽃을 끓인 물을 마시고 그 물에 눈을 씻었더니 눈병이 씻은 듯이 낫게 되었다. 이로부터 금은화 꽃은 사람들의 열을 내리고 해독시켜주는 훌륭한 약재로 쓰이게 되었고, 금은화 처녀의 이름이 지금까지 길이 전해져 내려오게 되었다.

인동(忍冬)은 고 김대중 대통령의 별칭 '인동초'로 널리 알려져 있다. 인동덩굴의 꽃 사진을 걸어둘 정도로 인동꽃을 무척 좋아하셨던 김 대통령은 겨울의 모진 시련을 견뎌낸 인동의 이름과 정신이 자신의 파란만장한 생애와 비슷해서 특별히 애정을 갖게 되었다고 한다. 이름 그대로를 풀면 '겨울을 견디어낸다'란 뜻으로 인동을 겨울 식물이라고 여기기 쉽다. 하지만 한여름에 피어난 꽃은 사방에 향기를 퍼트리고 겨울에 잎이 모두 떨어진 후 까만 구슬 같은 열매만 보여주는 식물이다. 그런데 인동은 인동과에 속하는 덩굴성 나무이므로 '인동초'는 바르지 않은 말이다.

| 인동꽃차 만들기 |

✿ 꽃에 루테오린, 이노시톨, 사포닌, 탄닌이 함유되어 있어 청열, 해독의 효능과 몸속 과열로 인한 발열, 열독혈리, 화농성 질환, 종독, 나력을 치료하며, 장염, 이하선염, 패혈증, 창근종독, 맹장염, 외상감염의 증상에 쓰인다. 이러한 증상을 억제하기 위해 양차(凉茶)로 복용하면 서기체(暑氣滯), 감모(感冒), 장(腸)의 전염병을 예방한다.

1. 마른 인동꽃차 만들기

① 꽃봉오리를 맑은 날 아침 이슬이 마를 때를 기다렸다가 채취한다.
② 깨끗이 손질한 후 그늘에서 5일 정도 말렸다가 햇빛에서 바싹 말린다.
③ 밀봉 후 보관한다.

2. 저장용 인동꽃차 만들기

① 깨끗이 손질한 꽃봉오리를 유리병에 켜켜로 꿀에 재운다.
② 5일 정도 숙성 후 냉장 보관한다.

3. 인동꽃차 마시기

마른 꽃이나 저장된 꽃 두세 송이를 찻잔에 넣고 뜨거운 물을 부어 2분간 우려 마신다.

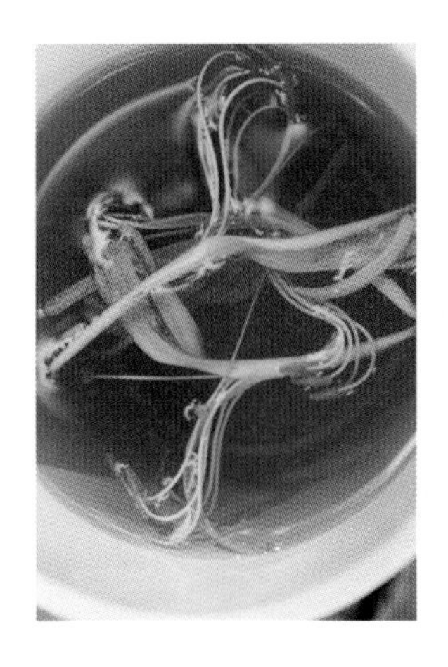

우리 땅에서 자생하는 도라지는 초롱과 여러해살이풀로 땅 속 뿌리에 저장된 영양분을 약용이나 식용하는 땅속식물이다. '도랏'을 도라지라 부르게 되었고, 도래, 돌가지, 도레 등의 우리말 이름과 길경(桔梗), 백약, 경초, 고경 등의 한자 이름이 있다. 뿌리를 건조시킨 길경은 단백질, 지질, 당류, 회분, 철, 사포닌, 이뉴린, 회이트스테린, 프라티코디닌 등을 함유하고 있어 기침, 거담, 해열진해, 배농의 치료제로 쓰고, 특히 최근에는 항암 효과와 다량의 식이섬유 함유로 각광받고 있다.

도라지꽃은 꽃봉오리가 풍선처럼 생겨 풍선꽃(Balloon flower)이라고도 한다. 한여름 밤에 원줄기 끝에 달린 한 개 또는 여러 개의 꽃봉오리가 위를 향해 별 같이 터진다. 5개로 갈라진 꽃받침에 종처럼 퍼진 끝이 5개로 뾰족하게 갈라진다. 한여름 볕 잘 드는 산야에 하얀색 또는 하늘색으로 피어난 꽃은 여름도 잠시 멈추게 한다. 여승의 고깔처럼 혹은 푸른 바다같이 산뜻하고 청초한 길경화(桔梗花)는 지친 더위에 눈을 밝게 하고 가슴께에 시원한 바람을 불러다주는 고귀한 여름꽃이다.

도라지
키 : 40~100**센티미터**
꽃 : 7~8**월**
학명 : *Platycodon grandiflorum* (Jacq.) A. DC.

여름 꽃차여행

도라지꽃차

하늘에 뜨는 별 땅에서 피고

사람의 생은 나무의 생과 같다. 뿌리만큼의 깊이와 너비로 뻗어가는 가지를 봐도 그렇다. 그런데 사람의 삶은 때로 나무의 삶과는 다르다. 지표로 드러나지 않은 뿌리가 눈에 뵈질 않는다고 애초에 없었던 양 여기고 높이 뻗어가는 가지에 천착하는 사람의 삶이다.

뿌리 같은 노인들이 뿌리를 일구며 뿌리를 내리는 마을, 전북 순창군 팔덕면 장안마을의 뿌리 꽃을 찾았다. '장안 농촌 건강 장수마을' 기념 표지석이 높은 삼거리 마을 어귀에 수령을 가늠할 수 없는 오래된 느티나무가 있다.

뿌리 같은 노인은 뿌리의 진실을 안다. 이 마을이 장수마을이 되기까지에는

당산목인 느티나무가 어귀에 서서 이 집 저 집을 살펴보고, 오가는 노인의 굽은 등을 지켜보며, 좁은 둑길을 위태로이 걷는 아이의 미래도 내다보고 있음을 안다. 느티나무 아래 당산제대에는 마을 어르신들의 간절한 염원이 얹어 있고, 뿌리만큼 뻗어나간 가지와 잎이 이루는 그늘 아래 정자에는 한 청년이 낮잠에 빠져 있다. 그리고 너머에 하늘의 별들이 고요히 내려앉아 이룬 도라지 꽃밭이 너르게 펼쳐 있다.

1970년에서 1990년대까지 경동시장에서 도라지의 강자는 순창 것이었다. 서북쪽에 강천산을 둔 분지형인 팔덕면 일대는 얕은 구릉이 이어진 밭에 볕이 많이 들고 땅도 깊어 도라지가 굵고 곧은 뿌리를 내리기에 알맞다. 1990년대 말부터 싼 값으로 시장을 점령했던 중국 도라지가 믿을 것이 못된다고 다시 제자리를 찾게 된 순창 도라지다. 그러고 나서 팔덕면 일대 60여 농가가 도라지꽃 피는 7월이면 10만 평 밭에서 키운 도라지로 축제를 열어 '도라지 마을'을 알리고 있다. 이 도라지 마을에 땅에서 뿌리가 하늘로 피어 오른 별들이 꽃을 이루고, 낮잠자러 내려온 하늘별이 날개 접은 꽃으로 피어 있다.

전설이 깃들 법한 꽃에 도라지꽃도 예외가 아니듯 도라지 소녀에 얽힌 이야기가 있다.

옛날 아름다운 소녀 도라지에게 중국으로 공부하러 떠난 약혼자가 있었다. 그런데 약혼자는 기약한 10년이 지나고 또 20년이 지나도 돌아오지 않았고, 바람결에 들려오는 소문만 무성했다. 모든 것을 체념한 도라지는 깊은 산에 들어가 혼자 살 것을 산신에게 굳게 맹세하였다.

세월이 흘러 아름답던 소녀 도라지 얼굴에는 굵은 주름살이 깊게 패어졌다. 그러나 도라지는 사랑하던 약혼자를 도무지 잊을 수 없었다. 그러던 어느 날 참

지 못하게 바다가 보고 싶었던 늙은 도라지는 먼 바다와 마주 앉아 "당신이 이제라도 돌아오신다면 얼마나 좋을까요" 하고 혼잣말로 중얼거렸다. 그런데 말이 끝나자 바로 머리 뒤에서 노기 띤 소리가 들려왔다. "산속에서 혼자 살겠다고 했던 맹세를 잊었느냐. 다시 그 사람을 부르는 것은 또 웬일이냐." 도라지는 소리 나는 쪽으로 머리를 돌렸다. 그러나 아무것도 보이지 않고, 갑자기 자신이 큰 바위 틈에 서 있는 것을 발견하였다. 산신이 자기와의 약속을 배반한 도라지에게 벌을 줘 돌 틈에서 자라는 한 포기 도라지꽃으로 변하게 한 것이었다. 그렇게 애타게 기다리던 약혼자는 돌아오던 바닷길에 배가 침몰하여 이미 저세상 사람이 되었는데, 약혼자도 바닷물처럼 푸른 얼굴로 소녀를 바라보는 청보라 도라지꽃으로 환생하게 되었다는 것이다.

도라지의 꽃말 '영원한 사랑'이나 이루지 못한 사랑의 전설은 아마 도라지꽃의

생물학적 현상에서 나온 듯하다. 도라지는 꽃이 피면 수술의 꽃가루가 먼저 터져 날아가고, 그 후 암술이 고개를 내민다. 한 꽃 안에서는 수정할 수 없는 유전자 설계가 되어 있어 도라지에서 씁쓰레한 맛이 나는 것인지….

한편 로마신화에서는 프시케의 눈물이 도라지꽃이 되었다고 한다. 밤마다 찾아오는 남자와 사랑에 빠진 프시케는 호기심에 촛불을 켜서 잠든 남자의 얼굴을 보았다. 사랑의 신 큐피드의 모습에 넋을 잃은 프시케는 그만 뜨거운 촛물을 그의 얼굴에 떨어뜨렸고, 큐피드는 얼굴을 보려고 하지 말라던 약속을 깬 그녀를 떠났다. 프시케는 큐피드를 그리워하며 많은 눈물을 흘렸는데, 그 갈망의 눈물이 땅에 떨어져 도라지꽃이 되었다고 한다.

| 도라지꽃차 만들기 |

✿ 소변 양을 늘려 방광염 증상과 신체의 부종을 개선하는 이뇨작용에 도라지꽃차와 연꽃차가 있다. 연꽃차는 대체로 찬 성질을 가지고 있는 데 비해 평한 도라지꽃차는 독성이 없고 쓰고 매운맛을 내는 편이다. 설탕이나 꿀에 재워 오래 두고 쓰면 좋다. 특히 도라지 뿌리를 달인 물에 설탕을 넣은 시럽을 함께 쓰면 효과가 뛰어나다.

1. 마른 도라지꽃차 만들기

① 꽃봉오리를 따서 깨끗이 한다.
② 센 김에 살짝 쪄내어 그늘에서 바싹 말린다.
③ 밀봉해 보관한다.

2. 저장용 도라지꽃차 만들기

① 꽃봉오리를 따서 깨끗이 한다.
② ①의 꽃봉오리를 용기에 켜켜로 넣으면서 설탕을 뿌리고, 그 위에 꿀로 재운다.
③ 숙성되면 냉장 보관한다.

3. 도라지꽃차 마시기

① 마른 도라지꽃 두세 송이를 찻잔에 넣고, 끓인 물을 부어 2분간 우려내어 마신다.
② 저장된 도라지꽃 두세 송이를 찻잔에 넣고, 끓인 물을 부어 2분간 우려내어 마신다. 이때 도라지 뿌리 달인 물에 설탕을 넣어 만든 시럽을 넣어 마시면 좋다.

원산지를 인도로 추정하나 이집트라는 의견도 있는 연꽃 뿌리에서 나온 꽃줄기(花梗) 끝에 지름 15~20센티미터의 연한 홍색 또는 백색의 큰 꽃이 한 송이 핀다. 네댓 개 작은 조각의 꽃받침은 일찍 떨어지고, 여러 개 꽃잎은 길이가 8~12센티미터로 도란형이다. 7월초부터 3개월 동안 꽃을 피우는데, 아침 일찍 개화해 오후 3~4시경 봉오리를 닫기 시작한다. 이런 연의 생리를 안 청나라의 운이의 연차 만들기 비법을 보자.

"…여름에 연꽃이 처음 필 때에는, 꽃들이 저녁이면 오므라들고 아침이면 피어난다. 운(芸)이는 작은 비단주머니에 엽차를 조금 싸서, 저녁에 화심(花心)에 놓아두었다가 다음날 아침에 이것을 꺼내서 샘물을 끓여 차를 만들기를 좋아했다. 그 차의 향내는 유난히 좋았다…."

연꽃
키 : 1미터
꽃 : 7~8월
학명 : *Nelumbo nucifera* Gaertner

여름 꽃차여행
연꽃차

화심花心에 두었던 연심戀心만큼 되어라

"빠스를 탄다고 했는디 잡것이 비싼 거 타고 가라고 해 싸서, 비싸기만 하제라, 신태인도 안 내린다 갑제…거시기 한디…."

기차가 목포까지 가냐고 묻던 아주머니께선 김치를 택배로 부칠까 하다가 막내딸이 보고 자파 서울에 왔다 가는 길이란다. 고속버스보다 비싼 새마을호 기차는 신태인역에서 내리지 않는다고 투덜대면서도 딸의 효심을 억척스레 늘어놓았다. 이슬 내려앉은 호남 철길은 운(芸)이의 연꽃차 같은 백련향 깊은 데를 찾아 나선 길을 재촉하였다.

차를 그토록 즐기는 까닭을 물어오는 이들이 적잖은데 답을 할 때마다 참 궁색

해지곤 했다. 그냥 좋아서 마실 뿐인데…. 하지만 철따라 차를 따라 나서는 것은 자연에서 삶의 본성을 찾는 방편이었다. 정취의 순간들이 마음에 쏟아져 들어오며 담아둔 순간들은 오랜 평화로 이어졌다. 그리고 매캐한 도시에 돌아와도 차 한잔으로 그 정취를 다시 불러오게 하였다.

김제역에 내려 청하산까지 달렸다. 만경강가에 펼쳐진 퍼런 못자리에는 정작 주인은 어디로 갔는지 허수아비가 주인 행세를 하고 가는 길 내내 길을 물어볼 이 하나 없었다. 한참을 돌아나니 '빛과 색의 하소백련축제'를 알리는 현수막이 나부끼고 있었다. 소나기 궁그는 연잎 아래 황소개구리는 웅숭깊은 소리로 인사를 건네고, 길손의 인기척에 청개구리는 못으로 덤벙 뛰어들었다. 얕은 청하산

자락에 넓은 못은 그대로 큰 찻잔이었다. 그윽한 연꽃향이 발걸음에 따르고, 파르르한 머리새의 비구니 스님들이 은은한 향기와 순결의 밭에 섰다. 백련이 어린 여승인지, 여승이 하얀 연꽃인지 분간되지 않는 백련보다 더한 순백의 꽃이었다.

하소백련사에서 오래 전부터 백련차를 만들어 온 도원스님의 발그레한 얼굴에는 연차의 효능이 가득했다.

"이 연은 씨줄과 날줄처럼 종과 횡으로 자라서 불교의 경을 나타냅니다. 그리고 꽃은 양(陽)의 성질을 지니기에 음(陰)을 가진 차와 만난 백련차는 음양의 조화를 이룬 이상적인 음료이지요. 흔히 연은 진흙을 먹고 산다고 말하지요. 하지만 진흙은 연이 영양을 먹고 남은 똥과 같아요. 그처럼 우리 일상도 겉으로만 판단할 것이 아니지요. 그리고 연꽃 대를 잘라 냉동 보관했다가 연차를 만드는 것을 잔인하다고 옥신각신하는 것도 사유가 부족함에서 비롯된 것이 아니겠는지요"라고 드레지게 강조했다.

별명이 부용(芙蓉)인 연꽃은 '진흙 속에서 났지만 진흙에 물들지 않는다'는 성질 때문에 군자를 상징하는데, 불교와 깊은 관련이 있다. 불교의 꽃인 연은 잎자루부터 뿌리까지 비어 있다고 해서 진공식물이라고 하고, 유교에서는 순결과 세속을 초월한 상징으로 말한다. 꽃과 열매가 동시에 자라기에 민간에선 빠른 시기에 아들을 연달아 얻는다는 뜻으로 연생귀자(連生貴子)의 식물로 여겨왔다.

우리나라에서는 불교 신앙으로 연꽃을 너무나 신성시하여 도리어 그 참된 아름다움을 감상하는 데 장애가 되었다. 부처님의 발이 올라앉은 곳이라 하여 연뿌리나 연밥을 감히 따지 않은 것을 비롯한 거의 종교적 색채를 띤 이야기뿐이어서 로맨틱한 일화를 좀체 기대하기 어렵다. 하지만 《고려도경高麗圖經》에 운치 있는 아름다운 이야기 하나가 전해진다.

고려 충선왕(忠宣王)이 원나라 연경에 머물 때 어쩌다 한 아름다운 여인과 가연

(佳緣)을 맺어 애정이 사뭇 깊었다. 그러던 어느 날 고국으로 돌아가게 된 왕은 그녀에게 사랑의 정표로 연꽃 한 송이를 주었다. 이 꽃을 받은 여인은 충선왕이 떠난 뒤에도 항상 자신을 정결히 하며 그를 오매불망하였다.

한편 충선왕도 그녀를 잊을 수 없어 이제현에게 그녀가 어찌 지내고 있는지 알아보라고 하였다. 식음을 전폐하고 죽어갈 지경이었던 그녀는 이제현에게 전해달라며 시를 써주었다. 그러나 왕의 마음이 흔들릴까 염려한 이제현은 그 시를 전하지 않고, 젊은이들과 노느라 찾을 수가 없었노라고 거짓으로 아뢰었다. 상심한 왕은 그녀를 잊었다. 1년이 지나 왕에게 사죄한 이제현은 그녀의 시를 올리며 사실대로 아뢰었다. 충선왕은 이 시를 읽고 울면서, “만일 그때 이 시를 보았더라면 돌아오지 않고 그녀에게 다시 갔을 것이다”라고 말하며, 그를 책망하지 않았을 뿐 아니라 도리어 충성과 의리를 가상하다고 칭찬하였다고 한다.

연꽃 한 송이를 꺾어 주시니
처음엔 불타는 듯 붉었더이다.
가지를 떠난 지 며칠 못 되어
초췌함이 사람과 다름없더이다.
贈送蓮花片
初來灼灼紅
辭枝今幾日
憔悴與人同

생이별의 괴로움에 울던 그녀가 충선왕에게 보낸 길이 전할 아름답고 교묘한 한시다. 이 시에서 볼 수 있는 '작작홍(灼灼紅)' 붉은 홍련의 홍색은 원래 정성을 나타내는 뜻으로 쓰니 애인에게 주는 것이 가장 적절한 것이다. 더욱이 진흙탕에 더럽히지 않는 정결한 꽃이니, 멀리 떠나는 애인에게 주는 것이 또한 의미가 깊다. 충선왕이 원나라 여인에게 연꽃을 건네준 운치 있는 일화는 우리 역사상에 나타난 연꽃에 얽힌 대표적인 로맨스다.

청나라 소주에 살았던 심복이 쓴 《부생육기浮生六記》에 아내 운이의 연꽃차 편이 있다. 린위탕(林語堂)은 운이를 중국 문학에 있어서 가장 사랑스러운 여인이라고 했다. 세상의 모든 아름다움을 사랑했던 운이는 마흔한 살의 나이로 남편 심복보다 먼저 세상을 떠나기 전까지 여름철이면 연꽃 화심에 차를 넣어두어 꽃향이 배인 차를 이튿날 아침에 꺼내어 남편에게 달여 주곤 했다. '순결', '청순한 마음'이란 꽃말에 연심(戀心)까지 덤으로 스며든 향편차였으리라.

| 연꽃차 만들기 |

✿ 관상용, 식용으로 많이 재배하는 연은 뿌리, 씨, 잎, 잎줄기, 꽃자루, 꽃술, 꽃봉오리, 과실 등 전체를 약용한다. 특히 연꽃의 꽃봉오리에는 혈액 순환을 원활하게 하고, 나오던 피를 멈추게 하는 지혈이나 타박상으로 인한 울혈을 제거하며, 습기가 병이 되는 것을 없애는 거습(祛濕), 풍증을 치료하는 소풍(消風)의 효능이 있다. 그리고 달면서도 약간 쓴맛이 나는 꽃은 찬 성질을 가지고 있으나 독성이 없고 소변 양을 늘려 방광염 증상과 신체의 부종을 개선하는 이뇨작용도 있다. 특히 연씨는 악몽에 힘들어하거나 우울한 사람에게 좋다. 종합적으로 볼 때 연꽃은 마음을 기르는 선약이다.

1. 연꽃 향편차 만들기

① 연꽃봉오리에 들어갈 만한 크기의 베주머니를 만든다.
② ①의 주머니에 녹차 10g 정도를 넣어 봉한다.
③ 연꽃봉오리를 살짝 벌려 녹차 주머니를 꽃심에 넣는다.
④ 꽃봉오리를 한지에 말아 습기 없고 냄새 없는 서늘한 곳에서 하룻밤 둔다.
이때 냉동실에 두었다가 나중에 써도 된다.

2. 연꽃차 마시기 Ⅰ

위에서 만든 연향 배인 녹차를 찻주전자에 넣고 녹차 우리 듯해서 마신다.

3. 연꽃차 마시기 Ⅱ

① 넓은 수조에 꽃꽂이 받침을 두고, 채취한 백련 꽃봉오리를 꽂는다.
② 꽃이 필 때까지 따뜻한 물을 봉오리 위로 끼얹는다.
계절에 따라 찬물을 끼얹어도 된다.
③ 연꽃 향이 스민 ②의 물을 찻잎이 든 찻주전자에 넣어 우려낸다.

직사광을 싫어해 큰 나무 아래 반양반음에서 잘 자라는 수국(水菊)은 학명에서 보듯이 물(Hydro)을 매우 좋아해 장마철에 피어난다. 같은 종자라도 심는 데에 따라 꽃의 색이 칠면조처럼 여러 가지로 변해서 '칠변화' 라고 하는 수국은 차분하고 멋진 색으로 장마에 지친 사람들을 색으로 위로해준다. 우리나라에서 흔히 볼 수 있는 것은 처음에는 엷은 푸른색으로 시작해서 차차 흰색으로, 그리고는 엷은 분홍색으로 변했다가 꽃이 질 무렵에는 보랏빛이 섞인 갈색으로 변해간다.

수국의 뿌리, 잎, 꽃을 팔선화라고 하여 봄, 가을에 채취해 햇볕에 말려 생약으로 쓴다. 맑은 날 꽃을 따서 씻은 후 2~3일간 햇볕에 말려 쓰면 감기로 인한 열을 내리는 데 효과가 있다. 또한 뿌리를 포함한 수국 전체를 건조해서 심장질환의 강심제나 학질 및 해열제로도 쓴다.

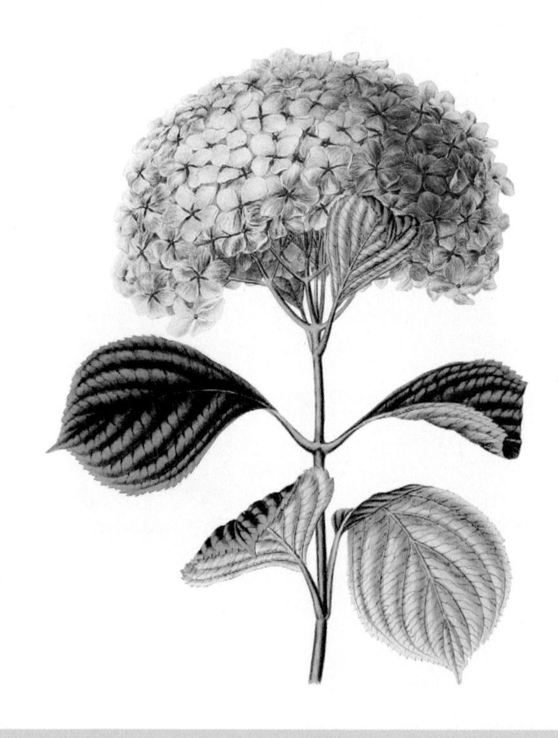

수국
키 : 1미터
꽃 : 6~10월
학명 : *Hydrangea macrophylla* (Thunb.)

여름 꽃차여행
수국꽃차

아름다운 변신

더위를 피해 산과 바다로 떠나는 한여름, 부산의 여름은 아찔한 절벽이 장관인 태종대에서 정점을 이룬다. 부산대교를 건너 영도 동남쪽 해안을 따라 돌아나는 끝점에 태종대가 있다. 신선들이 살았다 하여 신선대라고 불리던 곳이다. 삼국통일의 기틀을 다진 신라 29대 임금 태종 무열왕이 이곳의 절경에 취해 한동안 머물렀다 하여 태종대(太宗臺)란 지금의 이름이 생겼다. 울창한 송림과 기이하게 생긴 바위나 돌들로 둘러싸이고 하늘과 바다의 경계조차 모호한 대양을 마주한 태종대는 빼어난 풍광의 부산 명소다. 수만 년 동안 거센 파도와 폭풍우로 깎아지른 기암절벽에 서면 하늘 아래 땅이 없다. 눈앞에 망망대해로

펼쳐진 태평양에 도시에서부터 따라오던 더부룩한 가슴께가 툭 터지고, 날 좋으면 먼 대마도(對馬島)가 손차양 아래 보이니 옹졸한 소인배도 태종대에 서면 대인배가 된다.

신라 때 동래부사가 여기서 기우제를 지냈던 까닭으로 이름 지어진, 음력 오월 초열흘날에 오는 비 태종우(太宗雨)가 막 멎었다. 긴 장마 끝에 햇살이 드러난 날 5밀리미터의 비만 내려도 운행되지 않는 다누비 열차를 타고 태종대를 돌았다. 태종대를 오르내리며 돌아보면 오랫동안 군 요새지였고, 지금도 사람들의 발길 닿지 않는 곳에 군사기지가 있음을 알아차릴 일이다. 다누비 열차에 빼곡했던 관광객들은 자갈마당, 전망대, 등대에서 우르르 내리고 타곤 한다. 그러나 태종대의 한여름 시크릿 가든은 태종사이고, 숨은 그림은 태종사의 색색 향연인 수국 군락이다. 다누비 궤도의 마지막 역인 태종사 입구에서 내려 꽃의 팔색조, 수국의 못에 덤벙 빠져보는 것은 태종대 여름 백미다.

장마가 시작될 무렵이면 태종사 경내에는 10여 종 3천여 그루의 수국이 색색의 장관을 펼친다. 도성스님이 40여 년 동안 나라 안팎으로 이름난 수국의 고장이나 사찰을 찾아다니며 조금씩 가져다 심은 것이 국내 최대의 수국 군락지를 이루게 된 것이다. 불가에서는 부처님 탄신일에 수국 꽃봉오리에 맺힌 물을 받은 감로수를 석가상에 올리는 전통의식을 하는 것으로 볼 때 이곳 태종사에는 여름 내내 감로수가 마를 날이 없겠다. 2006년부터 수국꽃 잔치를 열게 된 이후 작은 사찰인 태종사에 외부인의 발길이 잦아졌다.

태종사 입구에서부터 아이머리만한 크기의 수국꽃이 좌우로 피어 있는 길을 따라 오르면 작은 잔디마당이 나온다. 마당을 둘러싼 비탈에도, 대웅전으로 오르는 흙길에도 온통 수국 천지다. 오염되지 않은 깊은 바다색, 설렘으로 진한 분홍, 막 날아오르는 연노랑, 색색의 작은 꽃무리가 다발을 이루는 수국은 이따금 무거운 머리를 땅에 대고 있었다.

이 식물에는 여러 가지 색깔을 나타내는 색소(色素)가 있다. 예컨대 앤토사이언(Anthocyan)이란 색소는 세포액이 산성이냐 알칼리성이냐에 따라, 혹은 그 정도에 따라, 그리고 땅속의 비요성분(肥料成分)에 의해 갖가지 색을 나타낸다. 강한 산성 토양에서는 푸른 꽃을, 알카리성 토양에서는 붉은 꽃을 피운다. 따라서 땅의 조건을 인위적으로 조절하면 원하는 색의 꽃을 피울 수 있다. 가령 연분홍색의 꽃이 피는 자양화의 뿌리 밑에다 백반 같은 약산성물질을 묻고 물을 자주 주면 한 나무에 갖가지 색의 꽃이 핀다. 주어진 환경에 예민한 식물이다. 그래서 꽃말도 '처녀의 꿈'으로 알려져 있다. 변덕스럽다는 뜻에서일까.

한편 작은 꽃들이 여럿 모여 피어 수국(水菊)은 색의 수만큼이나 이름도 다양한

데, 수구화(繡球花) 또는 팔선화(八仙花), 마리화(瑪哩花)라는 이름을 가졌다. 그중에서도 중국의 백낙천이 어느 스님의 부탁을 받고 붙인 '보랏빛 태양의 꽃'이라는 자양화(紫陽花)가 동양에서 널리 알려진 이름이다. 이 꽃은 온 세계의 것을 통틀어 30여 종에 불과하며, 주로 북미 그리고 동부 아시아에 분포되어 있는 것으로 음습한 곳에서 잘 자란다.

일본에서 육종된 원예 품종인 수국은 옛날에는 음력 6월 1일에 이 꽃을 꺾어다 집에 걸어두면 잡귀를 쫓는다고 믿어온 풍습이 있었다. 지금도 일부 가정에서는 수국 꽃봉오리를 꽃꽂이해서 액땜용으로 쓴다.

| 수국꽃차 만들기 |

✿ 찻집이 늘어선 거리에 가면 수국의 잎으로 만든 차를 시음할 수 있다. 소엽종 수국의 잎을 말려 만든 감로차 혹은 이슬차는 매우 단맛을 주는 차다. 일본에서는 수국차라고 해서 잎이나 가는 줄기를 말려 차를 만들어 먹거나, 단것을 금해야 하는 당뇨병 환자가 설탕 대용으로 쓰기도 한다.
수국은 뿌리나 잎뿐 아니라 아름다운 꽃을 말려서 해열제로 썼다. 마른 수국꽃에는 루틴이 함유되어 말라리아, 가슴이 두근거리거나 잘 놀라는 증상, 몸과 마음이 답답한 번조를 치료하고 심장병에도 응용된다. 그러나 수국꽃은 말려서 써야 한다. 생꽃에는 독성이 있어 호흡이 가빠지고 흥분, 경련, 마비를 일으킨다. 수국의 원산지인 일본에서도 독성을 모르고 요리에 사용하는 바람에 중독되는 사고가 발생하곤 했다.

1. 마른 수국꽃차 만들기

① 꽃차례가 둥근 공처럼 생긴 수국은 잎을 하나씩 따기가 어렵다. 꽃봉오리째 채취해 깨끗이 손질한다.
② 햇볕에서 일주일 정도 말린 후 꽃을 하나씩 떼어낸다.
③ 떼어낸 꽃을 다시 3일 정도 더 말린다.
④ 마른 꽃을 종이 봉지에 보관한다.

2. 마른 수국꽃차 마시기

① 약으로 쓸 때는 마른 꽃 세 찻술을 500ml의 물에 넣어 반이 될 때까지 달인다. 하루에 3번 나누어 마시면 해열 치료가 된다.
② 마른 수국꽃 한 찻술을 찻잔에 넣고 끓인 물을 부어 2분간 우려 마신다.
맛은 약간 쓰나 노란 차색이 아름답다. 푸른 수국꽃차는 열에 안정적이라 뜨거운 물을 바로 부어도 좋다.

3. 기타 이용법

외용으로 쓸 때는 잎을 즙으로 내어 씻거나 바른다.

능소화는 원래 중국의 강소성 지방이 원산지인 덩굴나무로 우리나라를 비롯해 중국, 일본, 북미 등지에 분포하는 한여름 꽃이다. 연녹색 잎이 부드럽게 흔들리고 가지 끝에 이루는 원추꽃차례로 다섯에서 열 남짓의 커다란 꽃들이 너울너울 붉은 춤을 추며 탐스럽게 달려 있어 관상용으로 많이 심는다. 지네의 발처럼 흡착뿌리가 있어 벽이나 다른 나무를 잘 타고 올라 부챗살마냥 자연스럽게 줄기를 뻗어가며 10미터까지 높이 자란다.

능소화
키 : 10미터
꽃 : 7~9월
학명 : *Campsis grandiflora* (Thunb.) K. Schum.

여름 꽃차여행

능소화꽃차

선홍이 뚝뚝 떨어지는 사랑꽃

"능소화는 길상사 능소화가 제일이어요."

성북동에 사는 은경이 말에 장맛비 그치자 득달같이 길상사로 향했다. '삼각산 길상사' 일주문을 지나 정면 극락전 돌계단에는 이부자리 같은 방석들이 볕에 내앉았다. 스님은 눅눅한 법당에 볕든 바람 쏘이러 발길을 잦게 옮기었다. 신자들 몇은 찻집에서 다담을 나누고, 설법전 끄트머리 침묵의 그늘에도 작은 찻자리가 부드러운 향기를 싣고 있었다.

길상(吉祥)은 공연히 운수가 좋아질 것 같은 긍정어린 말이다. 길상사에는 말 그대로 길상이 온전했다. 훤칠한 느티나무 아래 너럭바위에 앉으니 개울에 콸콸 흐르는 물소리에조차 길상이 그득하다.

숨은 듯 고요한 길상헌과 극락전 사이 단아한 나들문 위로 선홍빛 능소화가 넘실거렸다. 이웃 마을 능소화는 주황인데, 길상사의 능소화는 생명이 오롯한 선홍이다. 식물에도 피가 흐른다면 필경 길상사의 능소화 같은 선홍일 것이다. 금세 수혈이라도 할 듯 늘어뜨린 넝쿨 끝에 가파로이 달린 선홍의 능소화는 무염한 피꽃이었다. 생명이 파르르 뛰는 실핏줄이 꽃잎의 맥을 이루었다. 지루한 장마 끝에 드러난 햇빛이라 진딧물도 적잖이 꽃받침에 달려서 수혈 중이었다. 길상사에는 진딧물도 길상의 호사를 누리고 있었다.

"종교에서는 사람이 죽어도 영혼은 살아 있다는데, 난 영혼을 안 믿어요. 꿈에 그 사람 늙은 모습은 안 나오고 60년 전 인생이 나와요. 38선이 터지면 기어서라도 가서 산소를 찾을 거예요."

꽃들은 이야기를 품고 피었다 진다. 길상사의 능소화에는 길상화(吉祥花) 김영한 할머니의 삶과 백석 시인의 이루지 못한 사랑이야기가 뿌리에서부터 자라고 있다.

금광을 하다 파산한 친척 때문에 기생이 된 자야는 1936년에 함흥의 함흥관으로 갔다. 마침 함흥 영생고보 교사이던 백석이 함흥관에 있었다. 둘은 '나도 저도 모르게 정신이 연결되어' 사랑에 빠지고 1939년 섣달 백석이 만주로 떠날 때까지 서울 청진동에서 함께 살았다. 백석은 자야와 결혼해 자식도 낳자고 했으나, 자야는 첩이나 소실이 되겠다고 했다. 그 말에 백석은 실망하여 "사랑을 버려도 괜찮아? 말 다한 사람이군" 하며 떠났다. 총각이 기생과 결혼하면 집안이 망한다는 시절이라, 자야도 그를 따르고 싶었지만 마음뿐이었다. 한편으로는 그가 곧 돌아오리라 믿었고, 더구나 일본에서 성악 공부하는 동생 뒷바라지를 위해 자야는 떠

날 수도 없었다. 백석은 《테스》를 번역한 후 1940년에 서울로 왔으나 연인을 만나지 못하고 다시 만주로 돌아가 비참하게 살았다. 해방 후에는 조만식 선생을 돕다가 김일성대학교 교수가 되기도 했다. 6·25전쟁에서 국군이 평안도를 수복하자 주민들은 백석을 정주 군수로 추대했는데, 그 뒤 1960년대 이후의 행적은 알려지지 않았다.

본명이 백기행인 백석은 일본 시인 이시카와 다쿠보쿠(石川啄木)를 존경해 필명에 석(石)자를 넣은 것 같다고 자야 할머니는 전했다. 사랑하는 여인을 팔베개하고 그 시인의 시를 많이 읽어주었던 백석이었다. 자야를 만난 후 약 1년 반 동안 시를 거의 쓰지 않았다. 그만큼 그들이 얼마나 사랑에 탐닉했는지, 그리고 만주로 떠난 백석의 상처가 얼마나 깊었는지…. 허공으로 뻗어가는 능소화에 자야 할머니의 순애보가 애틋하다.

'50년 만에 담배를 끊어도 니코틴보다 더 그리운 사람'인 백석은 김영한 할머니에게 이태백의 시 〈자야오가〉에서 따온 자야(子夜)를 그녀의 아호로 지어주었다. 6·25 때 중앙대를 다닌 자야 할머니는 김동환이 운영하던 잡지 《삼천리》에 수필 〈명월관 문학기생〉을 발표했고, 1953년엔 영문과를 졸업한 엘리트였다. 자야는 오로지 백석에게 사랑을 받았고, 그녀 또한 백석을 사랑했던 이유만으로 모든 것을 내놓는 것에 미련이 없었다. 1천억 원대의 요정 대원각을 길상사에, 2백억 원대의 빌딩을 과학계에, 2억 원을 백석문학상에 각각 기증했다.

자야의 순애보가 능소화를 덧칠했음인지 송월각 담벼락에도, 지장전 뜰에도, 스님들의 처소 곁에도 길상사의 능소화는 하나같이 사랑 빛 진한 선홍이다.

"스님~ 불 들어갑니다."

몸뚱어리 하나를 처리하기 위해 소중한 나무들을 베는 다비식(茶毘式)을 하지

말라던 생전의 당부에 만장이나 꽃상여 없이 '비구 법정'은 "스님, 나오세요. 불 들어갑니다"라는 추모객들의 외침 속에 아름다운 작별을 했다. 더 이상 맑고 향기로운 소리, 때로는 천둥 같은 쓴 소리를 들을 수 없음에 오열하던 그들이 이곳 길상사에서 그리움에 서성인다.

"수의는 절대 만들지 말고, 내가 입던 옷을 입혀서 태워 달라. 타고 남은 재는 봄마다 나에게 아름다운 꽃 공양을 바치던 오두막 뜰의 철쭉나무 아래 뿌려 달라. 그것이 내가 꽃에게 보답하는 길이다. 어떤 거창한 의식도 하지 말고, 세상에 떠들썩하게 알리지 말라"는 말을 남겼던 법정스님의 독경을 발치에서 듣고 차마 다가서지 못한 채 빨갛게 물만 들이던 '선홍이' 능소화다. '선홍이' 능소화는 스님의 《무소유》가 길상사의 주춧돌임도 알고 있다. 그리고 종교 간에 손을 잡고 얼싸 안은 김수환 추기경님의 자취도 기억하는 선홍이다. 꽃은 들을 줄도 새길 줄도 안다. 다 지나가는 것임을 알기에 맑고 향기로운 도량 길상사다. 고요한 뜰에 선홍이 능소화는 맑고 향기로운 바람결만으로도 충만했다.

회갈색을 띠는 묵은 줄기가 기품이 있고 등황색의 꽃이 우아해서 우리나라에서는 옛날부터 궁궐이나 사찰 또는 사대부 집 앞마당에 많이 심었고, 평민의 집에는 심지도 못해 양반꽃이라 불린 고급스러운 꽃나무다. 그런데 점잖고 기품 있어 동양식 정원에 잘 어울리는 양반꽃이 심한 매연이 깔린 올림픽 대로변을 따라 길게 피어나는 양을 보면 고급스런 이미지가 무색한 요즈음이고 과거는 과거일 뿐이다. 이처럼 공해는 잘 견디나 추위에는 약해 중부 이북에서는 겨울나기가 쉽지 않다.

생김새가 트럼펫 같아 서양에서 트럼펫 클리퍼(Chinese trumpet creeper)라 부르는 능소화는 아이 손바닥만한 꽃이 안쪽은 노란색에 가깝고 겉은 적황색으로 화려하다. 깔때기 같은 종형의 화관에서 다섯 갈래로 벌어진 꽃 속에는 암술 한 개와 네 개의 수술이 있는데, 수꽃술 둘은 길고 둘은 짧은 이강웅예(二强雄蘂)로 끝이 구부러져 있다. 능소화는 꽃가루에 독성이 있어 눈에 들어가면 치명적이라고 해 함부로 꽃을 만지지 않는다. 꽃가루에 독성이 있는 것이 아니고, 갈고리 같아서 눈에 들어가면 망막에 상처를 주기 때문에 그렇다는 말도 돈다. 국립수목원에서 능소화의 꽃가루를 전자현미경으로 관찰한 결과, 표면이 가시 또는 갈고리 형태가 아닌 그물망 모양을 하고 있어 바람에 날리기 어려운 조건임을 알게 되었다. 사람의 눈에 들어간다 해도 망막을 손상시키는 구조가 아니다. 능소화같이 생긴 꽃이 조금 작고 색은 더 붉지만 덩굴이 없어 단조로운 것은 다른 종으로 미국 능소화(*Campsis radicans* Seen)이다.

예부터 한방에서 꽃은 능소화, 뿌리는 자위근, 잎과 줄기는 자위경엽이라 하여 약용으로 쓰는 귀한 약재였다. 연중 수시로 채취한 자위근은 환으로나 가루로 내기도 하고 술로 담가서 복용하는데, 풍을 없애고 어혈을 풀어주며 통풍을 치료한다. 지방에 따라서 금등화(金藤花)로 불리는 능소화는 잎을 따서 모아 염액을 추출해 염색제로 쓰기도 한다. 구리나 철을 매염제로 써서 반복 염색하면 짙은 색을 내는데, 의외로 염색이 잘되는 염료식물이다. 잎을 달여 복용하면 손발이 저리며 나른하고 아픈 증상에 효능이 있다.

ㅣ능소화꽃차 만들기ㅣ

✿ 특히 꽃은 어혈이 들거나 부인의 산후 질병이나 토혈, 한열에 쓰고 마르고 쇠약해지는 것을 치료한다. 7~9월 꽃이 한창 피어날 무렵 맑은 날, 막 피기 시작하는 꽃을 따서 햇볕에 말려 쓴다. 햇볕에 말린 능소화꽃은 어혈이나 월경폐지나 월경불순과 부인의 산후질병이나 붕중, 열에 의해 마르고 쇠약해지는 것을 치료한다. 마른 꽃차를 달여서 복용하거나 마른 꽃잎을 가루로 내어 복용한다. 임산부는 사용을 금한다.

1. 마른 능소화꽃차 만들기

① 7~9월 맑은 날을 골라서 막 피기 시작한 꽃을 채취한다.
② 꽃술을 떼어내고 손질한 능소화 꽃잎을 바람이 통하는 햇볕에서 2주일 정도 말린다. 이때 바닥이 두터운 팬을 가열한 후 살짝 덖어 마무리해도 된다.
③ 잘 말린 후 밀폐 용기에 넣어 보관한다.

2. 마른 능소화꽃차 마시기

① 마른 능소화꽃 한 송이를 찻잔에 넣고 끓인 물을 분량만큼 붓는다.
② 2분간 우려내어 마신다.

장마가 끝날 무렵부터 복더위 중에 오렌지 설렘을 주는 원추리는 6개의 수술이 꽃잎보다 짧고 황색의 꽃밥을 가진 노란색 백합 모양의 꽃으로 핀다. 아침에 피었다가 저녁에 지고 다시 피고 시들기를 반복해 Donne Yellow Day Lily라는 영어명이나 학명 *Hemerocallis aurantiaca* Baker 모두 '아름다운 꽃이 하루만 피고 시들어버린다'는 데서 붙여진 이름이다. 볕이 잘 들고 다소 습한 산과 들, 도시 근린공원에서 친숙하게 만날 수 있는 여러해살이풀로 노지에서도 겨울을 난다.

원추리는 원추리과 원추리속의 여러해살이풀의 총칭인데 노랑원추리, 큰원추리, 왕원추리, 홍도원추리, 꽃잎원추리, 애기원추리, 원추리 등으로 그 종의 수가 많다. 덕유산의 능선이나 지리산 노고단과 같은 높은 산에서 군락을 형성하는 노랑원추리는 우리나라가 원산지로, 말간 노란색의 꽃이 오후 4시경부터 피기 시작하여 아침 11시경에는 거의 쓰러진다.

원추리
키 : 1미터
꽃 : 7~8월
학명 : *Hemerocallis aurantiaca* Baker

여름 꽃차여행

원추리꽃차

놀라운 은총

사는 일이 힘에 부치면 무작정 지리산으로 떠나자. 주변을 둘러봐도 갑갑한 속내 한 번 풀어낼 이 없을 때 홀로 성삼재 고갯길을 거슬러 가자. 태양은 뜨거운데 마음 한켠 어둔 그늘이 깊어만 갈 때 가쁜 숨 몰아쉬며 노고단에 오르자. 쓸데없는 잡념이 머릿속에서 떠나지 않으면 노고단 구름바다에 흠뻑 젖어보자. 그리고 세찬 풍우에 흩어지는 노고 운해 사이에 오롯이 피어난 노랑 원추리꽃을 만나자. 그제야 살아가는 일이 축복이고 생명 하나만으로 더 이상 바랄 것 없는 놀라운 은총을 깨닫게 될 것이다.

섬진강 바람도 한 숨에 오르지 못하는 노고단 봉우리. 골짜기 아래에서 치어다보면 봉우리를 채 넘지 못한 섬진강 가쁜 숨이 구름으로 걸려 있다. 하지만 산길 걷는 이에게는 다만 안개일 뿐이다. 마냥 가파른 산길이 오히려 안온하다. 젖은 흙길 위로 저벅거리는 발자국 소리는 '내 속에 내가 너무 많음'을 알리고 눈치 빠른 홀딱새는 숲길의 도반이다. "카. 카. 카. 코~" 숲을 울리는 검은등뻐꾸기의 추임새가 '홀 · 딱 · 벗 · 고', 홀 · 딱 · 벗 · 고 걸머지고 온 껍데기를 '홀딱 벗고' 오르라는 죽비로 내리쳤다. 비루한 삶의 비늘을 한 꺼풀씩 벗어 던지고 홀딱 벗을 때쯤이면 천년 세월을 간직한 노고단 돌탑이 말없는 세월의 악수를 건넨다. 그리고 드디어 지리산 십경 중에 으뜸인 노고 운해에 서게 된다. 아무것도 걸치지 않은 맨몸의 나는 세찬 바람에 떠밀려 위태롭다. 애써 두려움을 떨치고 버티어 서면 눈앞에 펼쳐지는 놀라운 은총이란…. 운해도 흔들리는 1,500미터의 고도 정상에 비경이 드러났다. 분명 하늘의 신이 천왕봉, 반야봉을 건너뛰다 잠시 쉬어갈 유희의 비원임에 틀림없으리라. 수직상승 구도에서 경쟁, 교만, 집착 따위가 도사리는 저 아래 세상에선 볼 수 없는 온갖 희귀 야생꽃 천지다.

태백산, 토함산, 계룡산, 팔공산 등과 함께 나라의 대사를 지낸 오악 중의 하나인 노고단에서 박혁거세 어머니인 선도성모의 제사를 지냈고, 신라의 화랑들이 몸과 마음을 키웠다. 그런데 외국인 선교사들이 노고단 옆에 지은 별장을 점령한 빨치산과 국군토벌대와의 싸움에서 산장도 나무도 풀도 꽃도 타버린 노고단 자락. 이제는 세상에서 가장 귀한 꽃들이 민중의 역사를 덮고 있다. 그래서인지 들꽃들이 유난히 화려하고 강하다.

노고단의 야생화 천지는 필경 작은 것이 아름다울 지리산 신앙의 메카일 것이다. 더구나 노고단 원추리는 둥근이질풀, 미나리아재비, 노루오줌, 흰제비난초들과 노고할머니의 젖을 나눠 먹으며 피어난 야생화의 맏이다. 도시의 미관을 위해 심어진 원추리는 매연과 갖가지 벌레들에 먹혀드는데, 노고단 원추리는 크기도 색도 향도 저 아래 여느 원추리와는 확연히 달랐다. 8월 초에 이미 져버린 속(俗)의 원추리가 아니다. 신의 향원에서 피어난 원추리는 비루한 삶에서 깨어나 자신의 삶이 얼마나 축복된 것인지를 뭉클한 감사로 돌리게 하는 은총의 꽃이다.

지리산의 주인은 인간이 아니다. 지리산의 주인은 천왕봉, 반야봉, 노고단의 3대 주봉을 비롯해 고봉준령들이다. 그리고 크고 작은 산봉들 속에서 자라는 수많은 나무, 꽃, 새, 나비 들이다. 이들에 초대받은 사람은 생명에 감사하라는 그들의 메시지를 담고 석 달 열흘은 거뜬히 살아갈 수 있을 것이다.

'훤초는 근심을 잊게 해주고, 모란은 술을 잘 깨게 해준다.'

不惟萱草忘憂, 此花尤能醒酒

중국 당나라 현종이 양귀비와 함께 청화궁에 놀러갔다가 모란의 가지 하나를 꺾어 향기를 번갈아 맡아보다가 한 말이다. 여기서 훤초는 원추리 훤(萱) 자를 쓴

원추리의 한자어이다. 참고로 원추리의 말밑 과정은 훤초(萱草)에서 'ㅎ'이 떨어져 나가 '원초'가 되었고, 원초가 모음조화에 의해 '원추', 여기에 '리'가 붙어 원추리가 되었다고 한다.

연산군 때 무오사화에 죽음을 당한 유학자 권오복의 시 '집에는 늙지 않는 복숭아 심고, 뜰에는 근심 잊자 원추리 기른다네(堂栽不老桃 庭養忘憂萱)'에서나, 집현전 학사인 신숙주가 〈비해당사십팔영匪懈堂四十八詠〉 중에서 원추리를 노래한 '비 갠 뒤뜰 가에 초록 싹이 길더니만 한낮에 바람 솔솔 그림자가 서늘하다. 숱한 가지 얽힌 잎이 참으로 일 많으니 네 덕분에 다 잊어 아무 시름없노라(雨餘階畔綠芽長 日午風輕翠影凉 繁枝亂葉眞多事 我正無憂賴爾忘)'에서 보듯 원추리는 근심을 잊게 하는 꽃이다.

훤초(萱草)는 근심을 잊게 한다 하여 《산림경제》에서 망우초(忘憂草)라 부르며, 사람이 이 꽃을 보면 곧 근심을 잊어버리게 된다고 하였다. 훤초는 우리말로 원추

리다. 그리고 부인이 임신했을 때 이 꽃을 차고 다니면 반드시 아들을 낳게 되므로, 《초목기》에는 훤초를 일명 의남초(宜男草)라 한다. 한편 이 꽃에는 성적 흥분을 일으키는 정유 물질이 들어 있어 부부금슬을 위해 원추리꽃으로 베개를 만들었기에 금침화(金枕花)라고도 불린다. 또 어머니가 머무시는 내당 뒤뜰에 많이 심은 꽃이라 남의 어머니를 높여 부를 때 훤당(萱堂)이라 하는 것도 그 때문이다.

역사의 대중화를 이끈 문일평은 《화하만필花下漫筆》에서 원추리는 홑꽃은 먹을 수 있고, 황색은 향기가 맑고 연해서 채소로도 먹을 수 있다고 했다. 특히 꽃이 작고 짙은 노란색을 띤 것은 금훤(金萱)이라고 하는데, 매우 향기로워 먹을 수가 있고, 바위 곁에 심으면 보기가 더욱 좋다고 했다. 그가 말한 식용 원추리는 짙은 운해와 기암괴석 사이에서 진한 노랑으로 빛나던 지리산 노고단 원추리를 두고 하는 말임에 틀림없다.

1913년 우리나라 순천에서 생활한 플로렌스 H. 클로렌은 《한국의 야생화 이야기》에서 "이 백합은 한국 사람 한 사람 한 사람의 문제를 치료한다. 그 잎은 냄비에서 부글부글 끓을 때마다 확실하게 아들을 낳게 해주는 음식이다. 이 백합은 산자락의 풀밭에서 많이 자라는데, 한국의 자랑거리 가운데 하나이다. 그 뿌리는 독이 있지만, 옛날의 약초 전문가들에게 믿음직한 약이었다"라고 원추리를 찬했다.

북한에서 펴낸 《동의학사전》에도 원추리의 꽃봉오리를 금침채(金針菜)라고 하여, "맛이 달고 성질은 서늘하고 독이 없으며, 소변이 붉고 찔끔거리는 병증, 불면증, 오장을 편안하게 하고 의지를 굳게 하며 눈을 밝게 하는데, 황달, 가슴이 답답하고 열이 나는 증상, 여성의 월경이 나오지 않아 신체가 쇠약해지고 피부가 까칠까칠해지며 안색이 검어지는 악성 빈혈, 우울증, 소화촉진, 치통, 치질로 인한 변혈을 치료한다. 하루 20~40그램을 물로 달여서 복용한다"고 나와 있다.

| 원추리꽃차 만들기 |

✿ 원추리는 봄에 나온 잎만 나물로 먹는 줄 알았는데, 꽃도 먹어요? 원추리꽃을 차로 마신다는 말에 의외의 반응들이다. 그만큼 원추리 어린 싹으로 만든 나물은 우리나라의 대표적인 봄나물이다. 그러나 한여름에 활짝 피기 직전의 꽃봉오리를 따서 손질한 후 튀김을 해도 맛이 아주 좋다. 중국 요리에는 말린 왕원추리꽃이 일품 식재료로 쓰인다. 그리고 한의학에서는 원추리 꽃봉오리를 따서 입이 너른 잔에 넣고 뜨거운 물을 부어 2~3분 담갔다가 꺼내어 햇볕에 말린 금침채를 해열제로 쓰기도 한다. 또 원추리 꽃봉오리에는 비타민 A가 풍부하고 비타민 B, C 및 단백질, 지방이 함유되어 있어 소금에 절여 먹으면 가슴이 시원해진다. 지루한 장마 속에 피어나는 원추리는 보기만 해도 가슴이 서늘하다. 한여름에 위안이 되는 꽃이다. 부쩍 우울하다고 푸념하는 이들이 많다. 이때 자황의 빛이 감도는 원추리꽃차를 마시면 가슴께에 더부룩하게 걸린 것이나 언짢고 허무한 우울증 따위도 슬며시 물러간다.

1. 마른 원추리꽃차 만들기 Ⅰ

① 원추리꽃은 송이가 크고, 더구나 장마 중이면 송이 그대로 말리기가 쉽지 않다. 원추리 꽃송이를 딴 후, 꽃잎을 하나씩 떼어내며 깨끗이 손질한다.
② 바람이 잘 통하는 그늘에서 말린다. 이때 선풍기 바람을 이용해도 된다. 두꺼운 바닥의 팬을 가열한 후 살짝 덖어 수분을 없애기도 한다.
③ 마른 꽃을 밀봉해서 냉동 보관한다.

2. 마른 원추리꽃차 만들기 Ⅱ

① 채 피지 않은 꽃봉오리를 따서 뜨거운 물에서 2분 정도 우린 후 꺼내어 햇볕에 말린다.
② 봉오리에서 떼어낸 꽃잎을 1% 소금물에 씻은 후, 센 증기에서 30초 정도 쪄 말린다. 색과 향을 보존하거나 방부를 위한 권장 방법이다.

3. 원추리꽃차 마시기 Ⅰ

마른 꽃잎 3장을 찻잔에 넣고 끓인 물을 부어 2분간 우려내어 마신다.

4. 원추리꽃차 마시기 Ⅱ

채 피지 않은 꽃봉오리를 따서 꽃술을 떼어낸 꽃잎 세 장을 찻주전자에 넣는다.
끓인 물을 분량만큼 부어 2분간 우리면 자황빛 도는 원추리꽃차가 된다.
아름다운 빛깔만큼 마음도 명랑해진다.

무궁화는 수많은 품종이 있는데, 나라꽃으로서의 기본형이 있어야 한다. 홑꽃으로 안쪽은 붉은 꽃잎의 끝 쪽 대부분이 연분홍색이되 희석된 자주색이 섞여 있는 적단심 계통을 기본형으로 한다는 기준이 공고되기도 했다.

무궁화의 빛깔이 몇 가지가 있지만, 분홍색과 흰색이 가장 곱다. 여름 아침 일찍 동산에 나가면 무성한 가지와 잎 사이로 여기저기 하얗게 핀 꽃은 이슬에 젖은 그 청아한 자태가 맑은 시냇물에 갓 목욕을 마친 선녀의 풍격을 어렴풋이 생각나게 한다.

무궁화
키 : 4미터
꽃 : 8~9월
학명 : *Hibiscus syriacus* L.

여름 꽃차여행

무궁화꽃차

무궁화꽃이 피었습니다

저녁 어스름 젖어드는 골목길에 무궁화꽃은 아이들 속에서 피어났다. 골목길 담벼락에 이마를 댄 술래가 눈을 감고 '무궁화꽃이 피었습니다'를 크게 외치는 동안 다른 아이들은 술래 뒤로 살금살금 다가갔다. 술래가 머리를 휙 돌리면 재빨리 동작을 멈추고, 다시 술래의 '무궁화꽃이 피었습니다' 소리에 바싹 다가섰다가 술래가 또 뒤돌아보는 순간 재빨리 술래의 등을 치고 달아나던 유년의 놀이.

밥 먹으러 오라는 엄마의 목소리가 골목길에 퍼지고, '무궁화꽃이 피었습니다' 무궁화꽃 열 송이는 빨갛게 달아오른 아이들 얼굴처럼 곱게 피었다. '무궁화 삼천리 화려강산' 엄숙한 애국가 한 소절보다 물리지 않는 밥처럼 우리 곁에서 피어나던 무궁화 사랑 놀이였다. 일제 강점기 때 '우리나라 무궁화꽃 수놓기 운동'으로 무궁화 보급에 힘을 쏟던 남궁억 선생이 무궁화를 심지 못하게 감시하던 왜경을 조롱하는 의미에서 만들어진 놀이라고 한다.

태극기가 하늘 높은 데서 펄럭이는 광복절에 국립현충원에서 대한민국 무궁화 축제가 열렸다. 순국 영령들의 묘 앞에서도 무궁화는 명복을 비는 꽃이 되었다. 축제가 아니어도 현충원의 어디에서든 무궁화는 사시사철 동행한다. 나라꽃에 대해 무궁화보다 개나리가 좋으니 진달래가 맞춤이니 하며 나라꽃 담론이 가끔 펼쳐지는데, 벌레들이 많이 꾀어 나라꽃으로는 마뜩찮다고 여겼던 무궁화가 국립현충원에서는 정결했다. 나의 정체성에 골몰하게 될 때 고요한 국립현충원을 거닐며 눈높이에서 나를 따르는 무궁화를 여유롭게 바라보자.

1896년 독립협회가 추진한 독립문 주춧돌을 놓는 의식 때 부른 애국가에 '무궁화 삼천리 화려강산'이라는 내용이 담겨질 만큼 은연중 무궁화를 우리나라를 대표하는 꽃으로 인식하고 있었다. 일제 강점기에 무궁화는 함께 울고 웃는 민족의 얼을 상징하는 꽃으로 부각되었다. "무궁화는 밤새 꿈을 키우고, 아침에 활짝 피어 뜨거운 8월의 태양과 당당히 마주보고, 어둠이 싫어지면 스스로 지고, 다음 날은 다시 다른 봉오리에서 새롭게 탄생하는 꽃이다. 이것이 무궁화 정신이다"라고 무궁화 정신을 계몽하던 남궁억 선생은 아이들에게는 노래를, 어른들에게는 무궁화나무를 나누어주는 무궁화배급운동을 하셨다. 그러나 '무궁화를 보면 눈병이 든다, 꽃가루는 부스럼을 나게 한다, 벌레가 많다, 아름답지 않다'라고 퍼뜨린 일제의 헛소문이 지금껏 나라꽃 무궁화를 마음껏 사랑하지도 자랑하지도 못하게 한 것은 아닐까.

1945년 국권이 회복되고, 국기와 국가가 제정될 때 자연스레 무궁화는 나라꽃으로 정해지게 되었다. 국기봉을 무궁화 꽃봉오리로 정하였고, 정부와 국회의 표장도 무궁화 도안으로 하게 되었다. 6월 하순부터 피기 시작한 무궁화는 10월까지도 피어 있는데, 광복절 무렵에 가장 아름다운 모습으로 피어나니 나라꽃으로 손색이 없다.

무궁화의 한자 이름은 목근화(木槿花)이다. 아침에 피었다가 저녁에 진다고 하여 조개모락화(朝開暮落花)라고도 한다. 하지만 실은 떨어지는 것이 아니라 시드는 것이니, 차라리 조개모위(朝開暮萎)라고 하는 편이 낫겠다. 꽃이 지지 않는 것을 특징으로 한, 아침에 피었다가 저녁에 시드는 영고무상(榮枯無常)한 인생의 원리를 보여준다. 동시에 여름에 피기 시작하여 가을까지 계속적으로 피는 자강불식(自强不息)하는 군자의 이상을 보여주기도 한다. 한편 청아하고 곧은 품격에 우리나라 사

람들이 찬사를 보낸다.

무궁화의 다른 이름은 순(蕣)이다. 《시경》에 "얼굴이 무궁화 같다(顔如蕣華)"고 하여 여자의 아름다운 용모에 견준 것이 있다. 중국 고대의 문헌인 《산해경》에 "군자의 나라에는 훈화초(薰華草)가 있는데, 아침에 피었다가 저녁에 진다"고 했는데, 여기서 훈화초는 곧 근화초(堇華草)라 하며, 근화초가 바로 무궁화다. 《지봉유설》에 인용한 《고금주》란 책에는 또 이런 기록이 있다. "군자의 나라는 땅이 사방 천리인데, 목근화가 많다." 우리나라를 근역(槿域)이라 일컬은 것은 바로 여기서 유래한 것이다.

고려 이전은 문헌에 기록된 것이 없어 알 수가 없지만, 고려 예종 때 중국에 보낸 국서에 근화향(槿花鄕)이라고 한 것이 현존한 사료로는 최초인 듯하다. 이로부터 100년쯤 지나서 신종(神宗) 강종(康宗) 연간에 활동했던 천재 시인 이규보가

처음 무궁화라는 이름을 붙였다고 한다. 이규보의 벗 가운데 문(文)과 박(朴)이란 두 사람이 있었다. 한 사람은 무궁(無窮)이 옳다고 하고, 한 사람은 무궁(無宮)이 옳다고 고집하여 끝내 결정을 짓지 못했다. 마침내 백낙천(白樂天)의 시운(詩韻)을 취하여 두 사람이 제각기 근화시(槿花詩)를 한 편씩 짓고, 또 자신에게 권하여 화답하게 하였다고 했다. 이로 보면 무궁화의 명칭도 그 유래가 퍽 오래된 것을 알겠다. 근세에 우리나라가 이 꽃으로 나라꽃을 삼은 것은 역사적으로 볼 때 이런 유구한 관련이 있었던 것이다.

| 무궁화꽃차 만들기 |

✿ 허준의 《동의보감》 〈탕액편〉에 "무궁화는 여름철 수인성 전염병을 예방하고, 꽃가루를 물에 타 마시면 설사가 멈춘다"고 소개되었듯이, 흰 무궁화 꽃봉오리 4~6g을 물 300cc에 달여 하루 세 번만 복용하면 장출혈을 멎게 하는 효험이 있다. 하루에 오랫동안 피고 지는 꽃이라 꽃차로 이용하기에 적합하다.

1. 마른 무궁화꽃차 만들기 Ⅰ

① 채취한 무궁화 꽃송이에서 꽃심을 떼어낸다.
② 찜통에 센 김이 오르면 채반에 베보자기를 깔고 손질한 꽃송이를 살짝 쪄낸다.
③ 쪄낸 꽃송이를 바람 통하는 그늘에서 말린다.
④ 잘 말린 후 밀봉해 냉장 보관한다.

2. 마른 무궁화꽃차 만들기 Ⅱ

① 꽃심을 떼어낸 꽃송이를 바람 통하는 그늘에서 2주일 정도 말린다.
② 잘 말린 후 밀봉해 냉장 보관한다.

3. 저장용 무궁화꽃차 만들기

꽃심을 떼어낸 무궁화 꽃송이 켜켜로 설탕을 뿌린다. 나중에 꿀로 다시 재운 뒤 일주일 정도 숙성시킨 후 냉장 보관한다.

4. 무궁화꽃차 마시기 Ⅰ

① 채취한 무궁화 꽃송이에서 꽃심을 떼어내면서 이물질을 확인한다.
② 손질한 무궁화 꽃송이를 흐르는 물에 살짝 헹군다.
③ 찻주전자에 끓인 물을 120ml 부은 다음 꽃 두 송이를 넣고 2분간 우려 따른다.

5. 무궁화꽃차 마시기 Ⅱ

설탕에 재운 꽃과 즙을 찻잔에 두 술 넣고 뜨거운 물을 부어 2분간 우려 마신다.
이때 찬 물을 이용해서 냉꽃차로 마셔도 좋다.

6. 기타 이용법

말린 무궁화를 잘 빻아 고운 가루차로 만들어 마셔도 좋다. 가루 한 찻술을 사발에 넣고 뜨거운 물 한잔 분량을 넣어 잘 저어 마신다.

배롱나무는 중국 남부가 원산지라고 하나 학명 *Lagerstroemia indica* L.을 보면 식물학자 린네가 중국을 인도로 착각한 것인지, 혹은 실제로 원산지가 인도인지 의문이 든다. 중국에서 온 배롱나무는 임진왜란 무렵 우리나라에서 일본으로 건너간 것으로 본다.

일반적으로 진분홍을 띤 홍자색이지만, 요즈음은 흰색, 연분홍색, 보라색 등 여러 품종이 개발되었다. 특히 태안 천리포 수목원에 흰색 꽃이 구름처럼 피어나 장관을 이루는 흰배롱나무는 여름의 백미로 꼽을 만하다. 그런데 배롱나무꽃을 자세히 들여다보면 한 송이가 백일 동안 피어 있는 것이 아니라 원뿔형 꽃차례(원추화서圓錐花序)를 이루는 작은 꽃들이 꾸준히 피어나므로 백일 동안 피는 꽃이란 이름을 얻음을 알 수 있다. 아주 작은 꽃들이 서로서로 도와 총총 피어나는 두레 꽃나무다.

배롱나무꽃
키 : 10미터
꽃 : 7~9월
학명 : *Lagerstroemia indica* L.

여름 꽃차여행
배롱나무꽃차

사랑하면 보이나니

천연기념물 제168호인 노거수 배롱나무를 만나러 가는 길은 생각 외로 쉬웠다. 부산 양정 전철역에서 어린이대공원 방향으로 1.5킬로미터를 곧장 가면 오른편에 화지공원이 있다. 공원 입구 대로변에 '배롱나무'라는 눈에 크게 띄는 안내판이 반가웠다. 뜨거운 여름 햇살도 여기에서는 느리고, 너른 주차장에는 몇몇 백발노인의 유희가 유유자적했다.

화지공원은 동래 정씨 문중에서 가꾸는 공원으로, 동래 정씨의 시조 정문도(鄭文道)의 묘가 있는 곳이다. 그래서인지 함부로 들어가선 안 될 것같이 대문은 육중했고, 높은 문턱을 넘어서기 전에 매무새를 살펴보게 된다. 투박하고 무거운 대

양정동 배롱나무

문 안은 도시의 소요와 단절되어 엄한 정적이 낮게 깔려 있었다. 단장된 오층탑 향나무가 좌우로 도열한 길이 곧게 뻗어 있고, 길 양편으로는 아름드리 소나무가 빼곡한 숲에 마치 정씨의 정령들이 두리번거리는 나를 지켜보는 듯 영묘했다. 비장감은 발자국 소리를 누르고, 공원 전체를 감싼 서늘한 기운은 계절감마저 잊게 했다. 발자국조차 숨 죽여 가며 동래 정씨의 시조(始祖) 묘에 도착했다.

나이 일흔이 되어 퇴직한 호장을 안일호장(安逸戶長)이라 하는데, 고려 중엽 안일호장을 지낸 정문도는 동래 정씨의 시조이다. 시조 묘 앞에 두 그루의 배롱나무가 자라고 있다. 시조의 묘를 들인 후 심었으니 배롱나무의 나이도 900세가 된다고 한다. 900년 세월 동안 정씨의 시조 묘를 지켜왔으니 신령목이리라. 이미 도심의 배롱나무는 저물어 가는데, 900년 풍상을 지고 온 양정동 배롱나무는 다른 나무보다 한 달 늦게 피었다. 추석 참배객을 화사한 꽃길로 챙긴 후 그 해를 접는 노구다운 배려목이다. 오랜 나이로 보면 우람한 가지를 기대할 법도 하지만 원줄기가 죽어 고목이 되고, 주변에 네 개의 새 줄기가 나와 사람 가슴높이의 줄기를 만들며, 또 그 줄기는 7미터 넘게 퍼지고 있다. 나이 900에도 저렇듯 단정하고 정결한 배롱나무에 정씨 문중에서 기울이는 정성이 진하게 느껴졌다. 고령화 속에 불거지는 노인문제가 사회현상의 주류를 차지하는 작금에 동래 정씨의 후손은 부모를 섬기는 효자로, 아랫대를 아끼는 선대로 이루어진 문중일 게다.

동래 정씨 문중에 목백일홍 전설이 내려오고 있다.

아주 오랜 옛날 남쪽 바닷가에 아리따운 처녀가 살고 있었다. 처녀가 혼기에 이르자 애인이 생겼는데 뭍에 사는 사룡이었다. 그런데 섬에 사는 이무기도 처녀를 사모했지만, 처녀는 이무기를 거들떠보지 않았다. 사룡과 이무기는 당당한 구혼자로 나서기 위해 결투를 하게 되었다. 서로의 조건을 고려해서 뭍과 섬 사이의 해상에서 배를 타고 싸우기로 한 것이다. 처녀는 사룡이 결투에서 이길 것을 바랐지만 말을 하지 못하고 속만 끓였다. 결투를 위해 배 위로 오르던 사룡이 처녀에게 말을 남기고 떠났다.

"내가 만약 싸움에서 지면 깃발이 붉게 변할 것이고, 이기고 돌아오게 될 때는 흰색 깃발 그대로 일 것이오."

처녀는 이제나 저제나 좋아하는 사룡이 이기고 돌아오기를 바라는 마음으로 먼 바다를 하염없이 바라보았다. 어느 날 배 한 척이 시야에 나타났다. 배가 다가오면서 나부끼는 깃발의 색이 확실하게 보이자 처녀는 그만 까무러치고 말았다. 이기고 돌아오는 배가 아니라 지고 돌아오는 배였기 때문이다. 배의 붉은 깃발을 본 처녀는 너무 큰 좌절감에 스스로 목숨을 거두고 말았다.

불영사 배롱나무

드디어 배가 당도했고, 의기양양하게 뭍으로 올라온 사룡은 기다리는 처녀에게 달려갔다. 그런데 이게 웬일인가. 처녀가 피를 흘리며 죽어 있었다. 처녀와 기쁜 재회를 맞이할 생각에 부풀었던 사룡은 급기야 고개를 돌려 배를 돌아보았다. 흰색이어야 할 깃발이 붉게 물들어 있지 않은가. 이무기를 칼로 찔렀을 때 솟구친 피가 깃발을 붉게 적시리라고는 생각도 하지 못했던 일이다. 뒤늦은 후회를 해본들 처녀는 다시 돌아오지 못했다. 처녀를 양지 바른 곳에 묻어 주고 사룡은 떠났다. 이듬해 봄이 되자 무덤 위에 낯선 나무 한 그루가 자라기 시작했고, 여름에 붉고 화사한 꽃을 피웠다. 이 꽃나무가 바로 저 유명한 잡귀를 쫓는 목백일홍이라고 한다. 이런 전설의 내용을 간직해서인지 정씨 문중 묘소에 화사하게 타오르는 붉은 배롱나무가 수호목처럼 보였다.

배롱나무(Crape Myrtle)는 백일홍(百日紅)이다. 화단에 심는 초본성 백일초인 백일홍이 아니라 미끈한 나무에 홍자색 꽃을 석 달 열흘 여름 내내 피우는 목백일홍이다. 일년초 백일홍은 멕시코가 원산으로 우리나라에 들어온 지는 200년쯤 된다. 나무 백일홍인 목백일홍을 동래 정씨 문중에 심은 지도 900년 전이고, 세종 때 강희안이 지은 《양화소록養花小錄》에도 500년 전 당시 서울의 대가에서는 이 꽃나무가 부귀영화를 준다고 심는 것이 유행했는데, 겨울이면 번번이 얼어 죽었다는 기록을 봐도 초본성 백일홍에 비하면 까마득한 대선배이다. 그리고 백일초는 국화과이고, 목백일홍은 부처꽃과로 서로 다른 종류인데 이름이 같아 헷갈려 한다.

이 나무의 원래 이름은 자미화(紫微花)이다. 우리나라에 들어오면서 여러 가지 이름이 생겼다. 배롱나무라는 이름은 백일홍이 변해서 된 것으로 보는데, 15세기

흰배롱나무

배롱나무 수피

백일홍의 한자음은 '빅일홍'으로 시대가 흐르면서 빅일홍 〉 빅기롱 〉 빅이롱 〉 빅롱 〉 배롱으로 음운이 변화한 것으로 학자들은 추정한다. 배롱나무를 목백일홍으로 부르는 것은 언급했듯이 백일홍에 접두어 '목(木)' 자를 붙임으로써 백일홍이라는 같은 이름의 초화(草花)와 혼돈을 피하기 위해서이다.

우리나라에서는 오래전부터 간질나무, 간지럼나무라고도 불렀다. 미끈한 배롱나무 줄기에 있는 얼룩무늬 중에서 하얀 부분을 손톱으로 살살 긁어주면 나무 전체가 마치 간지럼을 타는 듯 움직인다는, 다소 과장되면서도 익살스러운 별명이다. 부끄럼을 타는 것 같게도 보여 '부끄럼나무'라고도 한다. 피고 지기를 세 번 하고, 세 번째 필 쯤 햅쌀이 난다고 해서 '쌀밥나무'라고도 하며, 제주도에서는 간지럼 타는 나무란 뜻의 사투리 '저금 타는 낭'이라고 부른다. 중국에서는 손톱으로 가벼운 곳을 긁는다는 뜻을 가진 '파양수(怕癢樹)'라고 부르는가 하면,

일본 사람들은 이 나무를 원숭이가 미끄러지는 나무라는 '사루스베리(サルスベリ)' 라고 이름을 붙였다. 일본의 일부 지방에서 '게으름뱅이 나무'라고도 부르는 것은 잎은 늦게 나고 떨어질 때는 제일 먼저 떨어진다고 해서 붙은 별명이다. 그러나 일찍 자고 늦게 나는 것을 탓하지 말아야 한다. 그것은 이 나무의 고향이 따뜻한 남방이어서 자신을 추위로부터 보호하기 위해서라고 이해해야겠다.

꽃은 자미화(紫微花), 뿌리는 자미근(紫薇根), 잎은 자미엽(紫薇葉)이라 하며 약용한다. 각종 알카로이드(alkaloid)가 함유된 잎은 이질, 습진, 창상출혈 치료에 쓰이는데, 달여서 복용하거나 외상에는 달인 액으로 세척한다. 또는 짓찧어서 붙이거나 가루로 내어 뿌리기도 한다. 타닌 성분이 많은 잎은 흑갈색 계통의 색을 얻을 수 있는 좋은 염료식물이기도 하다. 매끄럽고 윤이 나는 껍질과 나뭇결이 좋고 재질이 단단하여 목재는 공예품이나 고급 가구로 귀하게 쓰인다. 연중 수시로 채취하는 뿌리에는 시테스테롤(sitosterol) 등이 함유되어 있어 달인 물로 종기, 부스럼, 치통, 이질을 치료한다.

| 배롱나무꽃차 만들기 |

✿ 배롱나무꽃이 지고 나면 이미 가을이다. 그래서인지 배롱나무의 꽃말은 '떠나간 벗을 그리워함' 혹은 '행복'이라고 한다. 배롱나무꽃차 한잔에 지난여름의 추억을 그리움으로 풀어보자. 배롱나무꽃차 한잔은 그리워하는 일이 곧 행복임을 알게 한다. 해산 후 출혈이 멎지 않는 혈붕(血崩), 큰 출혈이 있는 붕중(崩中), 대하임리(帶下淋漓), 젖먹이의 몸이나 얼굴에 진물이 흐르는 난두태독(爛頭胎毒)에 배롱나무꽃 달인 물을 복용하거나 세척하기도 한다. 임산부는 사용을 금한다.

1. 저장용 배롱나무꽃차 만들기

① 배롱나무꽃을 채취한 후 깨끗이 손질한다.
꽃이 작고 원추형으로 다닥다닥 붙어 있어 세심한 손길이 필요하다.
② 찬물에 살짝 씻어낸 후 물기를 거둔다.
③ 저장 용기에 꽃을 넣고 설탕을 뿌린 후 다시 꿀에 재운다.
④ 2주일 정도 숙성시킨 후 냉장 보관한다.

2. 냉차용 배롱나무꽃차 만들기

① 배롱나무꽃은 여름철 꽃얼음으로 적합하다. 꽃을 하나씩 떼어 살짝 씻어낸다.
② 얼음틀에 물을 반만 붓고, 그 위에 배롱나무꽃을 하나씩 띄운다.
③ 배롱나무 꽃얼음을 얼음 저장용기에 넣어두고 사용한다.

3. 배롱나무꽃차 마시기

① 물에 살짝 헹군 배롱나무꽃 열 송이를 찻주전자에 넣고, 뜨거운 물을 한 잔 분량 넣고 2~3분간 우려 마신다.
② 저장된 배롱나무꽃과 즙을 한 숟가락 떠서 찻잔에 넣고 끓인 물을 부어 2분간 우려내어 마신다.
③ 진하게 우려낸 홍차에 배롱나무 꽃얼음을 띄우면 한여름 일품 아이스티가 된다.
④ 오미자 화채에 배롱나무 꽃얼음을 띄워도 품격 높은 음료가 된다.

해바라기는 국화과로 억센 털이 있는 2미터 높이의 줄기에 10~30센티미터 잎이 달리고, 8~9월에 지름 8~60센티미터의 황색 대형 꽃이 피는 여름 최대의 식물이다. 향일화(向日花), 산자연, 조일화(朝日花)라고도 하는 해바라기는 북아메리카가 원산이지만 우리나라 기후에도 알맞아 아무데서나 잘 자란다. 특히 양지 바른 곳에서 더욱더 잘 자란다. 4월에 파종한 후 밑거름을 약간 주고 줄기가 올라올 때 튼튼한 받침대를 세워주면 한여름 수호신 같은 믿음직한 모습을 볼 수 있다. 10월에 열매를 맺으면 꽃송이를 따서 볕에 말린 후 씨앗을 잘 가려낸다.

씨앗은 향일규자(向日葵子), 뿌리는 향일규근(向日葵根), 줄기는 향일규경수(向日葵莖髓), 잎은 향일규엽(向日葵葉), 꽃은 향일규화(向日葵花), 꽃받침은 향일규화탁(向日葵花托), 열매 껍질은 향일규각(向日葵殼)이라 하는데, 버릴 것 없이 약용으로 쓰이는 귀한 식물이다.

해바라기
키 : 2미터
꽃 : 8~9월
학명 : *Helianthus annuus* L.

여름 꽃차여행
해바라기꽃차

지지 않은 생명, 그리고 노오란 그리움

"자랑할 것 없어요. 그저 공기 하나 좋다는 것밖에요."

강원도 태백의 자랑거리를 들려달라는 청을 하자 택시기사 할아버지가 한 말씀이다. 기사 할아버지는 아들을 넷 두었는데, 넷 다 대처로 떠나고 지금은 노부부만 남으셨단다. 과연 태백시 역 앞에나 시외버스터미널 앞에 도열한 택시 곁에는 지긋한 어르신들이 하릴없이 손님을 기다리며 두런거리고 있었다. 젊은이들의 제2의 고향은 매캐해 못 살겠다 아우성인데, 여기 태백은 절대 자랑이어야 할 맑은 공기가 유일한 자랑거리가 된 '산소도시'이다.

영월, 사북을 거쳐 태백에 이르는 길은 몇 번이나 귀가 먹먹해지는 하늘 가까운 곳이니 '산소' 또한 얼마나 천연이랴. 태백에는 절대 자랑인 산소말고도 큰 자랑거리가 또 있다. 울창한 소나무 숲이 가파르고, 키 큰 옥수수 밭이 에두르는 길을 따라 백두대간 피재로 가는 길목 2만평 너른 고원에 펼쳐진 한여름의 절정 하늘바라기 꽃밭이 그것이다.

빗물이 떨어진 방향에 따라 한강, 낙동강, 오십천으로 흐르는 태백시 분수령 일대에 한여름 내밀한 꿈이 노랗게 피어오르고 있었다. 낮은 바다로 달려가는 피서객들에게는 꿈에서조차 닿지 못할, 해발 800~900미터 하늘 가까운 구와우(九臥牛) 마을에 서면 바다가 아닌 것도 굽이쳐 쓸리는 파도가 되고, 눈을 감고도 파도 소리 가르며 걸을 수 있음을 안다. 그리고 해바라기 바다에 텀벙 빠져 여름 최고의 향연을 누릴 수 있다.

제2차 세계대전 중에 한 여인이 사랑하는 남편을 러시아 전선으로 보낸다. 그의 생사조차 알지 못한 채 전쟁이 끝나고, 귀환 장병의 긴 행렬이 이어진다. 어디에서도 찾을 수 없는 남편을 찾아서 여인은 러시아로 들어가게 되고, 그렇게 그리던 남편을 만나게 된다. 그러나 그는 이미 다른 여인의 남자가 되어 있었다. 절망으로 무너져 내리는 자신을 추스르려 안간힘을 쓰는 여인이 화면 가득한 해바라기 밭에서 부각되던 영화 〈해바라기〉. 그녀 자체가 연기인 소피아 로렌과 퍽이나 어울리는 해바라기였다. 지금껏 영화 〈해바라기〉의 명장면은 끝 간 데 없는 해바라기 평원을 찾아 무념하게 떠나는 길이었다. 그 길이 '행복을 찾아 떠나는 100가지 길' 중에 하나를 품게 했다.

스크린 가득 까마득한 지평을 메운 해바라기는 뜨거운 열정과 진한 그리움을 강한 여운으로 남겼다. 우리나라 해바라기는 어떤가. 고샅길 낮은 담장 너머로

키 큰 사자의 갈기 같은 머리털을 두른 큰 머리가 해님 따라 돌아 피는 씩씩한 남성의 꽃이다. 작고 정겨운 우리 꽃 속에서 해바라기는 유일하게 큰 꽃이 주는 호방한 장점도 있다. 하지만 우리나라에서 해바라기 밭 사이로 거닐며 '소피아 로렌 따라하기'란 감히 넘볼 수 없는 사치한 정경이었다. 결코 거닐 수 없을, '행복을 찾아 떠나는 100가지 길' 중 하나를 단념해야 했던 해바라기 밭이 어엿이 태백에 숨은 듯 펼쳐져 있으니 '숨은 행복 찾아가는 태백 길 따르기'이다.

산이 가깝고 오종종한 꽃무리의 앵글에 길들여진 시야가 툭 트인 태백 해바라기 고원에 맞춰지기에는 시간이 걸렸다. 시각이 광각으로 넓혀지자 내 눈의 색각이 노랑에 멈춰버렸다. 노랑과 초록만 감지하는 색맹이 되어버린 것이다. 색의 중심에 노랑이 섰고, 초록은 노랑의 배경에 머물 뿐이었다.

실용 작물을 재배해도 큰 수확을 올릴 법한 땅에 봄마다 씨앗을 뿌리고, 한여

름 해바라기 평원을 창조하고, 태양 따라 돌던 해바라기꽃이 지면 갈아엎고, 이듬해 또다시 파종해 길 위에서 해바라기와의 조우를 이끄는 주인장 김남표 씨는 소피아 로렌의 '해바라기'에 얽힌 그리움을 알고 있었다. 그리워만 할 것이 아니라 해바라기 길을 걸어보게 하자고 마음먹었단다. 더불어 방사성 물질 해독에 쓰이는 해바라기를 생태 작물로서도 널리 퍼뜨리고자 2005년부터 그의 야심찬 프로젝트가 기적같이 이어오고 있다.

영화 〈해바라기〉 개봉 후 16년 만에 우크라이나 체르노빌에서 원전사고가 일어났다. 그런데 방사능으로 오염된 연못 주변에 심은 해바라기의 뿌리가 방사성 물질을 엄청나게 뽑아 올렸음이 밝혀지면서 토양 정화 효과를 인정받게 되었다. 끔찍한 인공의 재앙인 일본 후쿠시마 원전사고로 지구촌 곳곳에 불안이 도사리는 지금 해바라기가 작은 해법을 내놓고 있다. 그렇게 착한 해바라기는 거만하지 않은 침묵으로 해를 따르고, 디지털 유목민(digital nomad)은 노오란 그리움으로 해바라기를 따르는 한여름 고개다.

해신의 딸들인 클뤼티에와 우고시아는 해가 지고 난 후부터 다음날 동이 틀 무렵까지만 연못 위에서 놀도록 허락받은 물의 요정이다. 그런데 하루는 노는 재미에 정신이 팔려 물속으로 돌아갈 시간을 까맣게 잊고 말았다. 해가 떠오르고 아침이 되자 태양의 신 아폴론이 나타나 아직도 물 위에서 놀고 있는 두 요정에게 미소를 보냈다. 눈부신 아폴론의 아름다움을 보게 된 두 자매는 그에게 반하게 되고, 이윽고 사모하게 되었다. 동생도 아폴론을 사모한다는 사실을 안 언니 클뤼티에는 질투심으로 아버지에게 동생이 규율을 어겼다고 거짓말을 했고, 노한 아버지는 동생을 물속 감옥에 가두어버렸다. 클뤼티에는 아홉 날 낮과 밤을 한자리에 선 채 아폴론의 뒤를 따르며 애정을 구했다. 그렇지만 그는 그녀에게 관심을 보이지 않았고, 클뤼티에는 그의 마음을 돌이킬 수 없었다. 그렇게 너무 오래 한곳에 서 있던 클뤼티에는 그만 발이 땅속으로 박히면서 뿌리가 되고, 마지막에 가서는 한 송이 꽃으로 변해버리고 말았다. 태양의 신을 따라 지금도 해바라기는 동에서 서로 돌아간다는 그리스 신화다. 사모하는 신이 거들떠보지 않아 해바라기가 되어버린 요정이나 사랑하는 그이가 다른 여인의 남편이 되어버린 것을 알고 해바라기 밭에서 절망을 떨치던 여인 소피아 로렌은 비련의 이야기 가운데 서 있다.

그런데 해바라기는 여인의 꽃이라기보다 사내가 꽃으로 변한 듯 기백이 돋보이는 꽃이다. 왕인 태양을 일편단심 따르는 훤칠한 키의 충신이다. 실제로 해바라기는 해를 따르는 것이 아니라 무거운 머리를 숙인 모습에서 나온 인간의 상상 스토리일 뿐이다. 중국 이름인 향일규(向日葵)를 번역한 해바라기란 이름도 해를 따

빈센트 반 고흐, 〈열 두 송이 해바라기 Vase with Twelve Sunflowers〉, Oil Paint, 1888년

라 도는 것으로 오인한 데서 붙여진 것이다. 콜럼버스가 아메리카 대륙을 발견한 다음 유럽에 알려졌으며, '태양의 꽃' 또는 '황금꽃'이라고 부르게 되었다. 한국 고전문학의 대가 장덕순(張德順) 선생은 "해바라기는 태양의 충신이다. 하늘을 향해 피어 있는 그 탐스러운 원륜(圓輪)은 태양을 따라 방향을 바꾸기 때문"이라고 묘사하기도 했다.

해바라기는 빈센트 반 고흐에게 생명의 힘이었다. 반복된 사랑의 실패, 발작, 궁핍, 죽음에 대한 불안한 예감 등에 시달리던 고흐에게는 밝은 태양의 빛이 필요했다. 프로방스 아를로 간 후 밤하늘의 밝은 별과 뜨겁게 타오르는 태양을 만난 그는 해바라기로 삶의 애착을 나타내었다. 뜨거운 황색이야말로 그의 내면에서 이글거리는 생명력이었다. 그의 황색에 대한 집착은 황색 보리밭 물결 속에서 스스로 총을 겨누는 죽음에까지 이어지고 한 송이 해바라기를 고흐의 주검에 던짐으로써 끝나는 전기영화에서도 볼 수 있다. 흔히 꽃은 여성으로 미화되나 해바라기는 뜨거운 정열과 진한 생명력을 역동적으로 나타내는 남성의 꽃이다.

러시아의 광활한 평원에서 볼 수 있는 해바라기는 채종용으로 많이 심고, 유럽의 중부나 동부, 인도, 페루, 중국 북부에서도 많이 심는다. 해바라기 씨에는 칼륨, 칼슘, 철분 등의 무기질과 일반 곡류가 정제 과정에서 상실하기 쉬운 비타민 B 복합체가 풍부하기 때문에 영양적으로도 우수하고 소화도 잘된다. 또한 해바라기 씨의 기름은 비타민의 함량이 많아 다른 식용유보다 보건식품으로 권장되고 있어 종자 자체를 식용으로 한 많은 품종도 개발되어 있다. 비누나 도료원료로도 쓰인다. 뿌리는 변을 쉬 통하게 하고, 타박상에는 짓찧어 바르면 효과가 있다. 잎과 꽃은 위를 튼튼하게 하는 고미건위제(苦味健胃劑)가 된다.

| 해바라기꽃차 만들기 |

✿ 해바라기꽃은 한방에서 풍을 없애고(祛風), 눈을 밝게 하며(明目), 머리가 어둡고 어질어질(頭昏)할 때, 얼굴이 붓는(面腫) 것을 치료하고 분만(分娩)을 촉진한다고 한다. 꽃받침은 두통과 눈이 침침해질 때나 치통, 위통, 월경통, 창종(瘡腫), 귀울림을 치료하며, 줄기 속도 이뇨, 진해, 지혈에 사용되니 전초가 약재가 되는 해바라기다. 특히 민간에서는 잎과 꽃을 말려서 복용하면 구풍, 해열, 류머티즘에 효과가 있다고 복용하고 있다.

해바라기꽃차는 향이나 맛이 탁월하지는 않다. 다만 황금색이 우러난 차를 마시고 또 마시면 맛도 차츰 황금색으로 배어드는 은근하게 매력 있는 꽃차이다.

페루에서는 태양신의 상징으로 해바라기를 존중해 국화로 삼았다. 해바라기는 꽃이 태양을 향하여 따라 도는 것만이 아니고 밝은 방향을 향하여 피는 성질이 있을 뿐이다. 그리고 그리움, 동경, 숭배라는 꽃말을 가지고 있다. 해바라기꽃차 한잔 진하게 달여 마시면 가슴속 가득 진한 그리움이 해소될까.

1. 마른 해바라기꽃차 만들기

(1) 쪄서 말리기

① 해바라기 꽃잎만 떼어 살짝 씻은 후 물기를 제거해 둔다.
② 너른 솥에 물을 넣고 소금을 약간 넣어 끓인다.
③ 센 김이 올라올 때 해바라기 꽃잎을 채반에 널어 30초 정도 쪄낸다.
④ 쪄낸 꽃을 그늘에서 일주일 정도 말린다.

(2) 바로 말리기

① 살짝 씻어 손질한 해바라기 꽃잎을 그대로 그늘에서 일주일간 말린다.
② 마른 해바라기 꽃잎을 전자 솥이나 밑바닥이 두꺼운 팬에 넣고 약한 불에서 완전 건조시킨다.
③ 열기가 빠진 후 밀봉해서 냉장 보관한다.

2. 저장용 해바라기꽃차 만들기

① 손질한 해바라기 꽃잎을 켜켜로 쌓은 후 설탕을 뿌린다.
② 설탕을 뿌린 꽃잎이 푹 잠기도록 꿀을 붓는다.
③ 2주일간 지난 후 냉장 보관한다.

3. 해바라기꽃차 마시기

① 말린 꽃잎 네댓 장을 찻잔에 넣고 잘 끓인 물을 분량만큼 붓는다.
② 2~3분 정도 우려낸 후 마신다.
③ 해바라기 꽃잎이 우러난 황금색 찻물이 멋스럽다.

비비추는 그윽한 향기와 흰 눈 같은 꽃으로 널리 알려진 옥잠화와 앞서거니 뒤서거니 하는 여름 막바지의 꽃이다. 잎의 모양이 비슷해 옥잠화와 잘못 혼동해 쓰기도 한다. 옥잠화가 중국에서 들어온 정원에 심는 관상용 식물이라면 비비추는 우리나라 산속에서 자생하는 식물이다. 옥잠화는 비비추보다 꽃이 약간 크고 흰색인데, 비비추는 보라색 꽃을 피운다. 흰비비추는 흰색 꽃을 피운다. 옥잠화와 많이 닮아 한자말도 '장병옥잠(長柄玉簪)'이다. 잎이 심장형으로 둥글고 예쁘면서 꽃송이들은 줄기 끝에 모여 특색 있는 일월비비추, 전체적으로 식물체가 작고 잎의 아랫부분이 뾰족하게 빠진 좀비비추, 꽃이 활짝 펴지지 않는 참비비추, 줄기의 아랫부분이 자루를 타고 흘러 말 그대로 주걱처럼 생긴 주걱비비추 등이 있다.

비비추
키 : 40센티미터
꽃 : 7~8월
학명 : *Hosta longipes* (Franch. & Sav.) Matsum

여름 꽃차여행
비비추꽃차

비비디 바비디 부

잼 잼 잼 잼…….

깨어나지 못하리라 여겼던 영겁의 세월을 벗고 나와 겨우 한 달의 온 생을 아우성으로 절규하는 매미떼의 '맴맴'이 어린 아가를 어르는 '잼잼'으로 들리는 여름 막바지다.

가을이 저만치 걸어오는 이때, 여름내 잊었던 생각과 소망들을 끄집어내어 실현시킬 희망의 주문을 하나쯤은 걸어봐야 하지 않겠는가.

느티나무 그늘 아래 평상에 누운 아가는 할머니의 '잼잼'에 고사리 같은 손을 쥐었다 폈다 까르륵 대고, 매미의 '맴맴'은 비비추 대궁에 연보랏빛 꽃을 한 잎씩

펴고 있다. 비비추는 연보랏빛 종을 흔들어대며 '비비추 비비디 바비디 부 비비추 비비디 바비디부'로 새 계절의 희망을 주문하고 있다.

그렇다. 요정이 신데렐라의 호박을 금빛 마차로, 누더기 옷을 눈부신 드레스로 바꾸던 마법의 주문을 여름이 넘어가는 고갯길에서 외워보자. 비비디 바비디 부 Bibbidi Bobbidi Boo…….

길게 뽑은 꽃대궁에 주저리 달린 연보랏빛 종은 금세라도 보랏빛 청아한 종소리가 동네 어귀로 퍼져 가고, 평상에서 잠든 아가도 할머니도 신데렐라의 꿈을 꿀 것만 같은 비비추의 정경이다.

백합과에 속하는 여러해살이 풀인 비비추는 일부 섬 지역을 제외하고는 우리나라 전역에서 쉽게 만날 수 있는 꽃이다. 환경을 크게 가리지 않으나 산지의 냇가나 습기가 많은 곳에서 잘 자란다. 키는 어른 무릎 정도까지 오며 주로 관상용으로 화단에 심는데, 약재로 쓰기 위해 밭에 대량으로 심어 기르기도 한다. 요즈음은 번잡한 도시에서도 관상적 가치로 가로변에 많이 심은 것을 볼 수 있다. 서늘한 기운을 불러다주는 연보랏빛 비비추는 원예종으로 다양한 품종이 개발되어 유럽에서는 가장 인기 있는 정원 식물이다. 큰 나무 그늘에 보랏빛 길쭉한 꽃이 주렁주렁 달려 있는 비비추를 최근에 부쩍 흔하게 볼 수 있는 것도 다른 여름꽃에 비해 잎이 길고 두터우며 시원시원해 여름꽃으로 제격인 까닭이 아닐까.

비비추는 해바라기처럼 태양을 따라 꽃잎의 방향을 바꾸는 식물이다. 7~8월에 연보라색으로 피는 꽃은 길이 30~40센티미터 꽃줄기에 한쪽 방향으로만 치우쳐서 총상으로 달린다. 포는 얇은 막질이고, 보랏빛이 도는 흰색이며, 작은 꽃자루의 길이와 거의 비슷하다. 꽃부리는 끝이 6개로 갈라져서 갈래 조각이 약간 뒤로 젖혀지고 6개의 수술과 1개의 암술이 길게 꽃 밖으로 뻗어 끝이 위로 향하고 있

다. 줄기 없이 뿌리에서 돋아 한 뼘이 훨씬 넘게 비스듬히 퍼져 자라는 잎은 잎몸과 잎자루가 구분되지 않는 주걱형으로 8~9개의 세로 맥이 뚜렷하다. 달걀 모양, 심장형 또는 타원형이며, 끝이 뾰족한 잎은 가장자리가 밋밋하지만 물결 모양으로 밑 부분에 흑자색 반점이 있다. 잎맥이 선명하고 반질반질한 잎새는 꽃꽂이 애호가들의 사랑받는 소재이다.

'비비추'는 '비비 틀면서 나는 풀'이라는 뜻으로 여겨진다. '비비'는 물체를 맞대어 문지른다는 뜻의 움직씨 '비비다'에서 온, 꼬이거나 뒤틀린 모양을 나타내는 말로서, 이는 살짝 뒤틀리듯이 올라오는 비비추의 잎 모양을 나타낸 것으로 보인다. '추'는 곰취 등 나물 이름에 나타나는 '취'의 변형으로, 비비추의 옛 이름은 '비비취'다. 이때 '취/추'는 '채(菜)'와 관련이 있는 것으로 풀이하기도 한다. 배추가 '백채(白菜)', 상추가 '생채(生菜)'에서 변형된 것이라는 얘기다.

비비추는 약용, 식용, 관상용으로 두루 이용되는 쓸모 있는 꽃이다. 사포닌 성분이 있으며, 종자나 또는 식물체 전체를 한방이나 민간에서 이용하는데, 생약명으로는 자옥잠(紫玉簪)이라 부른다.

식용으로 쓰이는 어린잎을 먹을 때 잎에서 거품이 나올 때까지 손으로 비벼서 먹는다 하여 '비비추'로 불렀다고 하며, 일부 지방에서는 '지부' 혹은 '자부'라고도 한다. 거품이 나는 것은 인삼의 약효 성분인 사포닌이 들어 있기 때문인데, 한방에서는 결핵이나 피부궤양 치료에 널리 쓰이고 있다. 담백한 맛과 씹는 맛의 느낌이 좋아 쌈이나 샐러드로 만들어 먹기도 한다. 재배채소처럼 연하고 향긋하며 매끄러우면서도 감칠맛이 나서 산나물 같지 않은 산나물이다. 어린잎을 데쳐 우려 낸 후 나물로 무쳐 먹으면 산나물 특유의 쓴맛이나 떫은맛, 섬유질의 억센 감이 없어 부드러운 나물 재료로도 으뜸이다. 입맛이 없을 때 죽이나 국으로 끓여 먹기도 한다.

비비추는 꽃은 자옥잠(紫玉簪), 뿌리줄기는 자옥잠근(紫玉簪根), 잎은 자옥잠엽(紫玉簪葉)이라고 부른다. 자옥잠인 비비추꽃에는 기를 보충하며 혈액순환을 돕고 보허의 효능이 있고, 부녀허약(婦女虛弱), 백대하(白帶下), 자궁출혈, 유정(遺精), 토혈, 기종(氣腫), 인후홍종(咽喉紅腫)을 치료한다. 잎은 여성의 붕루대하(崩漏帶下)에나 궤양(潰瘍) 치료제로 이용한다. 그리고 잎에서 짠 즙은 젖앓이나 중이염에 쓰고, 추출한 기름은 만성피부궤양 치료제이다. 연중 내내 채취해서 햇볕에 말려 쓰는 뿌리줄기는 기를 보해주고 통증을 멈추는 데 효능이 있고, 목 안이 아픈 인후종통이나 치통, 위통, 대하를 치료하는 데 쓴다. 뿌리에서 나온 즙은 임파선 결핵 등에 바른다고 한다.

| 비비추꽃차 만들기 |

✿ 뜰에서 줄을 짓거나 무리 지어 피어난 연보랏빛 비비추는 참으로 곱다. 집 가장자리를 따라 심어 두면 울타리 노릇을 톡톡히 하는 비비추다. 흙이 드러나는 곳을 덮는 지피용 정원 식물로 훌륭하다. 아파트에서는 한두 포기 화분에 심어 베란다에 두면 감상용이나 꽃차 재료용으로도 손색없다.
더운 여름에 걸맞은 비비추의 시원시원하고 늘씬하며 청량감 있는 자태를 가까이에서 길러보는 것도 일상의 쏠쏠한 재미를 엮어가는 일이다.

1. 마른 비비추꽃차 만들기

① 막 개화한 꽃봉오리를 채취한다.
② 깨끗하게 씻어 암술, 수술을 떼어낸다.
③ 이물질이나 벌레 등을 살피며 손질한 후 그늘에서 일주일간 말린다.
④ 그늘에서 말린 후 바람이 잘 드는 햇볕에 하루 정도 다시 말린다.
⑤ 밀폐 용기에 넣어 냉장 보관한다.

2. 저장용 비비추꽃차 만들기

① 비비추꽃을 따서 깨끗이 씻는다.
② 물기를 거둔 후 설탕을 뿌려 재운다.
③ 다시 꽃이 잠길 정도로 꿀을 붓는다.
④ 15일 정도 숙성시킨 후 냉장 보관한다.

3. 비비추꽃차 마시기

① 마른 꽃차 : 찻잔에 마른 꽃 2~3송이를 넣고 뜨거운 물을 분량만큼 부어 2분 정도 우린 후 마신다.
② 저장용 꽃차 : 꿀에 재운 꽃봉오리 2개를 찻잔에 넣고 끓는 물을 부어 2분간 우려 마신다.

4. 기타 이용법

비비추 잎과 꽃을 넣은 샐러드는 아삭아삭 씹히는 맛과 연보랏빛 꽃이 어우러져 환상적인 계절 요리가 된다. 다만 도심에 핀 꽃이나 잎은 이물질이나 벌레, 오염 등이 염려되니 삼간다.

가을

꽃차여행

옥잠화(玉簪花, Fragrant Plantain Lily)는 백합과의 여러해살이풀로 습기가 있는 토양이면 대부분 잘 자란다. 귀족의 풍모를 지닌 수선화에 비하면 평범하고 소박한 옥잠화다. 그렇지만 아무리 귀골이라고 해도 제주에 가면 흔한 꽃으로 짓밟힘을 당하는 수선화에 비할 때 전국 어디서나 잘 자라는 옥잠은 범골이라고 하더라도 꽃 기르는 사람과 만날 때 귀골처럼 아껴 감상하게 되는 꽃이다.

질경이와 비슷한 여러 잎사귀가 뻗은 밑동에서 줄거리가 솟아나 오뉴월이 되면 줄거리에서 가는 잎이 돋아나고, 줄거리와 가는 잎 사이로 열 몇 개의 꽃떨기가 나온다. 화피와 길이가 비슷한 수술 6개와 한 개의 암술을 가진 꽃은 아침에 지고, 해가 지면 피어난다. 꽃이 필 때는 먼저 꽃 머리의 사면이 조금씩 터지면서 터진 곳으로 황색의 꽃술이 비죽 나와 아주 좋은 향기가 물씬 풍긴다. '이른 새벽 옥잠화의 꽃향기를 담지 못한 정원은 벙어리 연인' 이라고 말한 옛 사람들의 후각이 결코 사치하지 않은 옥잠화의 향기다. 수년 전 지리산 옥잠화의 맑고 달콤한 향을 추출해 만든 향수로 지리산 야생화 향수 품평회를 가진 것을 보면 옥잠화의 향이 얼마나 우월한지를 가늠할 수 있다.

옥잠화
키 : 60센티미터
꽃 : 8~9월
학명 : *Hosta plantaginea* Aschers.

가을 꽃차여행

옥잠화꽃차

함장축언의 옥비녀

지리산 노고단에 원추리가 노랗게 지고 나니 옥잠화가 하얗게 피었다. 가을이 온 게다. 어디 노고단뿐이랴. 들뜬 열기의 여름 끝에 온 서늘한 새벽, 가까운 와우산 둘레길 막다른 습지에서 순결한 빛 무리를 만났다. 해가 지면 피어나고, 해가 뜨면 살며시 입을 닫아거는 옥잠화가 여명이 채 닿지 않은 새벽이슬 밭에 뽀얀 낯빛으로 서 있었다.

옥잠화는 여름 내내 향기 없던 꽃자리에 은은한 향내로 내리고, 가을에서야 온유하게 누릴 침묵을 건넸다. 말 없음으로 말을 다 하는 꽃과의 대화법을 이르고 있다.

"《주역》에서는 '아름다움을 간직해야 곧을 수 있으니 때가 되어 이를 편다(含章可貞, 以時發也)'라고 했다. 내가 꽃을 기르는데, 매번 꽃봉오리가 처음 맺힌 것을 보면 머금고 온축하여 몹시 비밀스럽게 단단히 봉하고 있었다. 이를 일러 함장(含章)이라고 한다. 식견이 얕고 공부가 부족한 사람이 겨우 몇 구절의 새로운 뜻을 알고 나면 문득 말로 펼치려 드니, 어찌 된 것인가?"

다산이 초의선사에게 준 친필 증언첩(贈言帖)에 나오는 내용이다. 가만히 있으면 행여 남에게 질세라 뜻도 모른 채 입을 열어 떠드는 요즘이다. 빈말, 헛말이 난무하는 주변이다. 조용히 듣는 일도 어려운 작금에 해가 뜨면 말이 샐까 입술뿐 아니라 얼굴조차 닫아걸고 온축(蘊蓄)하는 옥잠화는 누구나가 마음에 깊이 뿌리내리고 키워야 할 꽃이다.

오가는 이 없는 풀섶에 해가 비껴들기 시작했다. 이제 침묵의 대화조차 여명에 거두는 옥잠화를 두고 세상은 생김새에 따라 옥비녀라고도 하고, 초승달이라고도 한다. 하지만 옥잠화는 아름다움을 안으로 머금고 단단히 봉한 함장의 꽃이요 온축의 꽃이다. 처음 맺힌 꽃봉오리가 활짝 벙글 때까지는 깊이 쌓아 두고 기다리는 온축의 시간이 필요하다. 야물게 봉해진 옥잠화 꽃봉오리는 한 겹씩 벗겨내기조차 어렵다. 활짝 핀 꽃잎의 모양이 온전히 깃든 옥잠화 꽃봉오리는 드러내지 않은 속을 온전하게 쌓은 후에야 비로소 제 몸을 연다. 그래서 옥잠화가 귀하고 아름다운 까닭이다.

사람도 거듭된 시련 속에서 품성을 길러 속이 가득 차야 펴는 말이 아름답고 향기롭다. 옥잠화처럼 온축의 시간도 없이, 알지도 못한 말을 다 아는 양 내뱉는 말에선 악취만 진동할 뿐이다.

옥잠화는 옥비녀꽃이다. 꽃봉오리 한 송이 살짝 꺾어 말간 얼굴 뒤로 틀어 넘

긴 트레머리에 꽂고 싶게 하는 옥잠화다. 그도 그럴 것이 옥잠화는 선녀가 남기고 간 옥비녀인 까닭이다.

옛날 금강산 자락에 장씨 성을 가진 총각이 살았다. 총각은 낮에는 열심히 농사를 짓고 밤에는 피리를 부는 것을 업으로 삼았는데, 근방에 소문난 피리 명인이었다. 어느 해 초가을 날 둥근 달 아래서 여느 때처럼 그는 피리를 구성지게 불고 있었다. 그때 문득 하늘에 영롱한 빛이 감돌더니 선녀가 훨훨 날아 내려와 총각 앞에 엎드리더니 절을 하였다. 하늘나라 월궁 공주가 총각의 피리소리를 가까이에서 듣고 싶다는 소원을 전달하러 내려온 심부름꾼이었다. 처음에는 사양하던 총각은 그 선녀의 미색에 반해 하룻밤이라도 함께 지내고 싶은 생각으로 선녀에게 먼저 자신의 피리소리를 들어보라고 청했다. 선녀는 못 이기는 척하고 장씨 총각의 피리에 귀를 기울였고, 한 곡이 끝나자 또 한 곡을 청하면서 시간이

흘렀다. 어느새 닭이 울고 동녘이 뿌옇게 밝아왔다. 그제야 제정신이 든 선녀는 벌떡 일어나며 서둘러 하늘로 올라갈 차비를 하였다. 총각은 선녀의 손을 꼭 잡고 조금만 더 있다 가라고 애원을 하였으나, 선녀는 뿌리치며 일어났다. 총각은 선녀와 작별하는 것이 너무 안타까워 아름다운 추억을 새길 정표라도 달라고 그녀에게 부탁했다. 그러자 선녀는 자기의 머리에 꽂고 있던 옥비녀를 살짝 뽑아 자기가 생각나면 옥비녀나 두고 보라고 그에게 건네주었다. 그러고는 선녀는 다시 하늘로 날아 올라갔다. 옥비녀를 받아든 총각은 멍하니 하늘만 쳐다보았고, 그러는 사이에 자기도 모르게 그 옥비녀를 땅에 떨어뜨리고 말았다. 선녀가 까마득히 사라진 후에서야 총각은 옥비녀가 땅에 떨어진 것을 깨닫고 급히 허리를 굽혀 주우려 하였다. 그러나 옥비녀는 온데간데없고 옥비녀가 떨어진 자리에 한 떨기 아름다운 꽃이 환하게 피어 있었다. "아, 이는 필시 하늘 월궁 선녀 아씨의 마음이 한 송이 꽃으로 핀 것이로구나"라고 중얼거리던 총각은 이 꽃을 '옥잠화' 즉 '옥비녀꽃'이라고 불렀다.

8~9월에 피는 옥잠화의 꽃은 백합처럼 화려하고 크지는 않으나 정결하게 맑은 하얀 빛이 하도 고고하여 백학선(白鶴仙)이나 백악(白萼)이라고 한다. 활짝 피기 전에는 마치 백옥으로 된 비녀처럼 생겼으므로 옥잠화라는 이름을 얻었다.

《본초강목》을 보면 옥잠화는 흰 꽃이 보통이지만, 자줏빛 꽃도 있다고 한다. 습한 땅에 자줏빛 또는 흰빛의 꽃이 단정히 서 있는 옥잠화는 우아한 귀부인의 자태로 동양적인 현숙함과 검소함이 충만하다. 다만 잎사귀가 좁고 꽃도 작은 자줏빛 꽃보다 흰 꽃이 한층 더 아름답고, 활짝 피었을 때보다 채 피지 않았을 때가 도리어 더 예쁘다.

조선 세종 때 안평대군의 비해당 정원에 심어진 기화요초와 비해당의 아름다움을 48수의 연작시로 읊은 《비해당사십팔영匪懈堂四十八詠》에 화답해 지은 신숙주의 〈옥잠〉 시에도 흰 빛의 아직 피지 않은 꽃을 찬양한 바 있다.

풍겨오는 고운 향내 깁 장막에 스며드니
흰 눈의 넋 얼음 혼이 흰 이슬에 젖었구나.
옥잠화의 진면목을 알고자 할진대
채 피지 않았을 때 그대여 와서 보오.
天香荏苒透羅帷
雪魄氷魂白露滋
欲識玉簪眞面目
請君看取未開時.

| 옥잠화꽃차 만들기 |

✿ 우거진 풀숲에 단정히 피어난 옥잠화는 지켜보는 나도 정결해지는 꽃이다. 그래서인지 꽃말도 정숙, 고독, 회상이다. 동양 특유의 아담하고도 부드러우면서 야무진 매무새가 백합을 능가하는 품위가 있다. 그리고 일명 백학선(白鶴仙) 또는 백악이라고 불리는 것은 자줏빛 옥잠화보다 흰 꽃 옥잠화가 더 높이 평가되기 때문이다.

중국 원산의 식물로 키가 사람 무릎 정도인 옥잠화는 다년초로, 이렇게 오래 사는 뿌리를 숙근(宿根)이라고 한다. 꽃을 옥잠화(玉簪花), 뿌리줄기를 옥잠화근, 잎은 옥잠엽이라고 한다. 쿠마린류, 트리테피노이드, 다당류, 아미노산 등이 함유된 뿌리는 부은 종기를 치료하는 소종(消腫), 해독, 지혈의 효능이 있고, 옹저(癰疽), 인종(咽腫), 토혈, 목 안에 생선가시가 걸려 있는 것을 치료한다. 잎도 큰 종기인 옹저, 부스럼 같은 정창, 뱀에 물린 사교상(蛇咬傷), 독충에 쏘인 충자상(蟲刺傷)을 치료하는 약으로 쓰며, 요리 재료로도 이용된다. 특히 꽃은 목구멍에 생기는 질환의 주된 증상인 인후종통(咽喉腫痛)과 소변이 쉬이 되지 않는 소변불통(小便不通)에는 차로 복용하고, 상처에 난 창독(瘡毒)이나 소상(燒傷)에는 짓찧어서 도포해 치료제로 쓴다.

노령화가 급속히 일어나는 현대에선 치매가 새로운 공포거리다. 담음(痰飮)과 어혈(瘀血)은 치매(痴呆)의 중요한 원인 중 하나이다. 조기나 활혈의 효능으로 미루어볼 때 옥잠화는 치매의 치료와 예방에 응용할 음료로 기대할 만하다는 한의학계 실험 결과가 수년 전 발표되었다. 건망증 생쥐를 모델로 한 실험에서 알츠하이머병(AD)을 유발하는 여러 물질의 유전자 발현의 억제를 통하여 옥잠화가 AD에 효과가 있음이 밝혀졌다.

잎이 넓적하고 엽면이 매끄러우며 섬유질이 많고 탄력성이 있는 옥잠화 잎으로 풀피리를 부는 것도 가을 숲길 산책에 낭만을 더하는 팁이다. 가을 길목에 들이나 골짜기에서 옥잠화를 만났을 땐 꽃말처럼 고요한 정숙과 겸소를 느끼고, 옥잠화꽃차 향기에 젖기를 권한다.

1. 마른 옥잠화꽃차 만들기

① 봉오리에서 바로 핀 꽃을 선택한다.
② 꽃을 따서 깨끗하게 씻어 암술, 수술을 떼어낸다.
③ 잡티 등을 살피며 손질한 후 그늘에서 일주일간 말린다.
④ 마른 꽃을 밀폐 용기에 넣어 냉장 보관한다.

2. 저장용 옥잠화꽃차 만들기

① 옥잠화 꽃을 따서 깨끗이 씻는다.
② 물기를 거둔 옥잠화를 켜켜로 놓고 설탕을 뿌려 재운다.
③ 다시 꽃이 잠길 정도로 꿀을 붓는다.
④ 실온에서 2주일 정도 지나 냉장 보관한다.

3. 옥잠화꽃차 마시기

① 마른 꽃차 : 찻잔에 마른 꽃을 넣고 분량의 뜨거운 물을 붓고 3분 정도 우린 후 마신다. 연한 갈색을 띠는 차탕은 맛이 구수하고 순하다.
② 저장용 꽃차 : 꿀에 재운 꽃봉오리 하나를 찻잔에 넣는다. 끓는 물을 한 김 빼고 부어 1~2분간 우려 마신다. 이때 향이 너무 강하면 끓는 물을 부어 바로 따라 버리고, 다시 한 김 뺀 물을 부어 우려 마신다

4. 기타 이용법

① 옥잠화에 찹쌀가루를 묻혀 기름에 지진 후 설탕을 뿌리면 옥잠화전이 된다.
② 손질한 옥잠화 꽃을 튀김하면 가을 향기 가득한 일품요리가 된다.

메밀은 긴 꽃대에 꽃자루가 있는 여러 개의 꽃이 어긋나게 붙어 밑에서부터 흰색으로 피는데, 꽃잎으로 보이는 꽃받침이 5개로 갈라져 핀다. 꽃에는 꿀이 있어 달콤한 향기가 난다. 이효석은 그의 작품에서 어린 시절 고향에서 겪은 이야기들을 많이 나타냈다. 산의 과일과 맑은 꿀을 말하기도 했는데, 그의 청밀(淸密)의 밀원(蜜源)은 메밀꽃이었다. 같은 품종이라도 암술이 길고 수술이 짧은 장주화(長柱花)와 암술이 짧고 수술이 긴 단주화가 거의 반반씩 생기는 꽃의 형태가 두 가지 이상인 이형예현상(異型蕊現象)을 가지고 있다. 붉은빛이 도는 녹색 줄기는 속이 비었고, 마디에 털이 있다.

메밀
키 : 70센티미터
꽃 : 7~10월
학명 : *Fagopyrum esculentum* Moench

가을 꽃차여행

메밀꽃차

첫사랑 하얀 그리움으로 내린 첫눈

첫눈의 설렘을 일찍 품고자 할 때 메밀꽃 이는 봉평에 가자.

길은 지금 긴 산허리에 걸려 있다. 밤중을 지난 무렵인지 죽은 듯이 고요한 속에서 짐승 같은 달의 숨소리가 손에 잡힐 듯이 들리며, 콩 포기와 옥수수 잎새가 한층 달에 푸르게 젖었다. 산허리는 온통 메밀밭이어서 피기 시작한 꽃이 소금을 뿌린 듯이 흐뭇한 달빛에 숨이 막힐 지경이다. 붉은 대궁이 향기같이 애잔하고 나귀들의 걸음도 시원하다. 길이 좁은 까닭에 세 사람은 나귀를 타고 외줄로 늘어섰다. 방울소리가 시원스럽게 딸랑딸랑 메밀밭께로 흘러간다.

한국 현대 단편소설 중에서 가장 뛰어난 작품으로 만남과 헤어짐, 그리움, 떠돌이 장돌뱅이의 슬픈 시름 등이 아름다운 자연과 어울려 미학적으로 승화된 단편소설의 백미, 이효석의 《메밀꽃 필 무렵》 중에 명장면이다. 우리나라 토속적인 아름다움을 배경으로 인간의 순박한 본성을 달밤의 메밀밭으로 녹여낸 시적인 문체는 봉평 메밀밭만큼은 꼭 가봐야 할 문학의 소재지로 그렸다.

소금 뿌린 듯 하얗게 피어난 메밀꽃을 만나러 가는 길은 초가을 여린 햇살이 쉬엄쉬엄 더디게 따랐다. 평창군 들머리부터 따르는 메밀꽃 하얀 밭에 벌써 숨이 가빠오기 시작했다.

이슬 내리는 절기 백로에 봉평 황톳길에는 이슬 대신 하얀 눈꽃이 내렸다. 하얀 눈이 강원도 평창군 봉평면에 길도 없이 내렸다. 달밤에는 소금 뿌린 듯 피어나는 메밀꽃이 느린 가을 햇살에는 설 내린 첫눈으로 핀 것이다. 질척거리지 않는 흙길에 뽀얀 눈이 붉은 대궁에 쌓였다. 빨간 코스모스도 하얗게 묻혀 가는 눈밭이다.

달빛에 젖은 메밀밭 길을 허생원과 동이가 나귀를 앞세우고 외줄로 늘어서 걷던 풍경이 봉평 섶다리를 건너면서부터 고스란히 재현된다. 그리고 달빛이 아니어도 환한 대낮에도 숨이 턱 막히는 순백의 아름다운 정경이 펼쳐진다. 지친 여름의 온갖 것을 추스를 가을에 이토록 순연한 미학의 서정을 맞이하는 것은 가을에 맞는 축복식이다. 눈이 아니어도 눈이 될 수 있는 몽환적 미백의 여정을 바로 봉평 메밀밭에서 맞닥뜨린 게다.

봉평에서 대화에 이르는 80리 산길인 소설의 배경이 봉평 섶다리를 건너 흐드러진 메밀원에서 시작해 이효석 생가와 문학관을 거쳐 안남교 작은 굴다리를 건너면 메밀꽃 관광객조차 발길이 뚝 끊긴 산자락 느린 경사에 하얀 메밀꽃 천지가 나온다. 이야말로 봉평의 비경이 아닐까.

메밀의 문화적 이야기는 이효석의 소설 한 편만으로도 충분하다. 그리고 현장에서 소설의 서정을 안고 거닐며 촘촘히 달린 하얀 메밀꽃과 붉고 가녀린 꽃대궁과 가을을 맞아 장엄한 축복식을 갖고자 하면 봉평 메밀밭을 거닐어 보는 것만으로도 족하다.

북방 대륙계의 일년생 식물인 메밀은 바이칼 호와 중국 북동부아무르 강을 중심으로 한 동부 아시아의 북부 및 중앙아시아를 원산지로 보고 있다. 오래전 중국을 거쳐 들어온 것으로 추정하는데, 우리나라에서는 지금 전국 어디에서나 재배하고 있다. 서늘하고 비가 알맞게 내리는 지역에서 잘 자라지만, 가뭄이나 척박한 환경에서도 잘 자란다. 환경에 적응하는 힘이 강한 메밀은 역시 키 큰 옥수수 아래에서 낮은 키를 세우는 강원도 메밀이 최고다.

메밀은 문학에서 토속적인 소재나 메밀국수나 메밀묵의 원료로 알려져 있으나 약효가 뛰어나다. 메밀에 많이 들어 있는 루틴은 혈압, 심장질환 등의 성인병 예방에 효능이 있는데, 메밀의 꽃과 싹 부분에도 함량이 많다. 루틴 이외에도 토코페롤과 셀레늄, 레시틴 등 몸에 좋은 성분이 많다. 알레르기 단백질이 약간 들어 있기는 하지만 부작용은 거의 나타나지 않는다.

메밀 잎이나 꽃을 말려 차로 달여 마시거나 메밀 종자를 길러서 싹으로 먹는 것도 권장할 만한 건강식품이다. 종자는 녹말작물이면서 단백질이 많고, 비타민 B1·B2, 니코틴산 등을 함유하여 영양가가 높다. 독일에서는 루틴을 생산하기 위해 대량 재배해 잎이나 줄기, 꽃을 가루로 내어 빚은 환이 고혈압 예방약으로 시판되고 있다.

| 메밀꽃차 만들기 |

✿ 메밀의 전초에 들어 있는 루틴, 플라보놀의 유도체인 쿼세틴은 모세혈관을 강화시키는 작용을 한다. 그리고 발암억제재로 쓰는 카페산도 있다. 모세혈관을 허약하게 하는 고혈압에 쓰면 뇌출혈을 예방하고, 당뇨병석 망막증을 치료하기도 한다. 종자를 덖거나 꽃을 말려 만든 메밀 차에는 이렇게 뛰어난 약효가 숨어 있다. 봉평에서 생산되는 메밀꽃차는 루틴이 함유되었다고 하여 루티나라는 이름으로 부른다.

1. 마른 메밀꽃차 만들기

① 메밀꽃을 봉오리째 따서 손질한다.
② 그늘에서 일주일 정도 말린 후 밀봉 보관한다.

2. 메밀꽃차 마시기

마른 메밀꽃 한 찻술을 찻잔에 넣고 끓인 물을 부어 2분간 우려 마신다.

구절초는 중양절처럼 이름이 여러 가지가 있는데, 충남지방에서는 음력 9월 9일 날 채취해서 말려두었다가 달여 먹으면 가장 약효가 있다 하여 구일초(九日草)라고 부르고, 전남과 전북 일대에서는 선모초(仙母草)라고 한다. 이 풀을 달여 먹으면 부인병이 없어지고 훌륭한 옥동자를 낳는 어머니가 될 수 있다는 데서 붙여진 이름이다. 전남 벌교 지방에서는 잎에 윤기가 있는 쑥이라는 뜻으로 기름쑥이라고도 한다. 이 식물의 사용가치가 다른 지방만큼 잘 알려져 있지 않은 경북, 경남 등지에서는 야국(野菊)이라고 부르고 있다. 이름만큼이나 재미있는 것이 구절초의 족보다.

우리나라에서만 유사종이 산구절초, 바위구절초, 포천구절초, 서홍구절초, 울릉구절초, 낙동구절초, 제주구절초 등 일곱 가지로, 꽃은 하얀색에서 분홍색으로 약간의 변화가 있으나 꽃의 형태는 거의 비슷하여 구별하기가 어렵다. 그러나 꽃보다 변화가 커서 구별하기가 쉬운 잎은 넓적한 것, 갈라진 것, 살진 것 등을 볼 수 있다. 그리고 인종에 관계없이 염색체수가 46개인 사람에 비해 구절초는 잎의 모양에 따라 염색체 기본수인 9의 2, 4, 5, 6, 8배인 18, 36, 45, 54, 72 등으로 나타난다.

구절초

키 : 50**센티미터**

꽃 : 9~10**월**

학명 : *FChrysanthemum zawadskii* Herbich ssp.

가을 꽃차여행

구절초꽃차

해가 뜨는 일에 고개를 끄덕이는

한 해를 시작하는 의례로 설을 비롯해 정월보름, 머슴날, 영등맞이, 삼짇날, 한식, 초파일, 단오, 유두, 삼복, 칠석, 백중, 추석, 중양절, 김장, 상달 고사, 손돌바람, 동지, 섣달그믐은 조상 대대로 내려온 열두 달 세시풍속이다. 우리의 고유한 습속이 지금은 현대 축제에 밀려 추석이나 설 정도만 지켜지고 그 밖의 풍속은 퇴색하였다. 그중에서 음력 9월 9일로 양(陽)이 겹쳤다는 뜻인 중양절(重陽節)은 중양일 혹은 구(九) 자가 겹친 중구일(重九日)이라고 하는데, 이 날만큼 양(陽)의 기운이 꽉 찬 날이 있을까.

사람살이에 양과 음이 고루 함께해야 하나 음이 지나쳐 우울증이 번지고 파국으로 치닫는 이즈음, 중양절에 누구에게나 권할 꽃차가 있다. 양의 기운 가득한 구절초꽃차가 그것이다. 전초가 약으로 쓰이는 구절초(九節草)는 이 날에 특히 약으로서의 효능이 더욱 가득하다고 한다. 음력 9월 9일에 꽃과 줄기를 잘라 부인병 치료와 예방을 위한 약재로 썼다고 하여 구절초(九折草)라고도 불린다. 암울한 그늘이 도사린 도처에, 10월 햇살이 노랗게 우러난 구절초꽃차를 마시는 중양절 세시 풍속이 마련되어야 할 때다.

우리나라가 원산인 구절초는 이 무렵 온 산야를 하얗게 뒤덮는 흔한 들국화이다. 떠들썩한 구절초 축제가 몇 있으나 숨은 듯 작은 곳에 구절초 별천지가 있다. 누런 황금이 알알이 머리를 숙인 곡창지대 평택 평야를 거치면 누런 종이에 쌓인 배가 한 입 가득 고이는 단맛으로 익어가는 성환 배농장이 나온다. 다시 고샅길을 고불고불 따르다 보면 가을에야 하얀 부활을 꿈꾸는 낙원동산이 환하다. 2012

년 공소(公所, 가톨릭에서 신부가 상주하지 않는 작은 예배소)가 생긴 지 100년이 되는 아산시 음봉면 소동리의 소동공소가 낮은 언덕 위에 단아하다. 그레고리안 성가가 낮게 반기고, 공소를 따라 누이의 흰 꽃핀 같은 구절초가 사방에서 나부낀다. 현관 위에서 두 팔을 벌린 예수의 상과, 성모동산에 나직이 두 손 모은 성모상은 정결한 꽃길로 흐드러진 구절초와 백색의 삼위일체를 이루었다.

어머니의 사랑이란 꽃말에 걸맞게 소동공소 십자가의 길에 널린 구절초꽃길은 어릴 적 어머니가 입에 가득한 물을 푸 뿜으며 빳빳하게 다리던 옥양목을 내다 걸은 양 정결했다.

공새리 성당이 공소로 설립된 후 100년 가까이 휑뎅그렁했던 소동공소가 5년 전 임진강(라파엘) 선교사가 부임 후 십자가의 길이 생기고 성모동산에 꽃이 피어나게 되었단다. 주변 경사진 언덕에 드러난 흙이 행여 무너질까 염려되어 국화과 식물의 번식력과 뿌리의 역할을 알고 있던 임진강 선교사는 구절초를 심고 십자가의 길을 만들기 시작했다. 그렇게 시작된 구절초 길이 지금은 소동공소의 아름다운 가을 풍경의 주인공이 되었고, 소동공소의 물적 자원까지 도맡게 되었다.

음력 5월 단오에는 줄기가 다섯 마디가 되고, 음력 9월 9일이 되면 아홉 마디가 되는 구절초는 부인들이 갖추어야 할 필요물질을 태생적으로 갖고 있는 야생의 풀이다. 선모초(仙母草)라는 어머니의 젖줄 같은 이름만 봐도 알 수 있듯이 여자들의 민간약으로 요긴하게 쓰였다. 예로부터 여자의 손발이 차거나 산후 냉기, 냉 배앓이가 있을 때 건위보익, 신경통, 정혈, 식욕촉진, 중풍, 강장, 부인병, 보온 등에 약재와 같이 처방하여 구절초를 달여 먹었다. 꽃이 피기 시작할 무렵부터 채취한 꽃의 이삭과 잎, 줄기, 뿌리를 그늘에 말려 짚으로 차곡차곡 엮어 기둥에 매달아 두었다가 상비약으로 하나씩 빼서 썼다. 생약 구절초는 잎과 줄기를

말린 것이고, 한방과 민간에서는 꽃이 달린 풀 전체를 삶아 마셨다.

구절초가 선모초란 가슴 찡한 이름을 갖고 있듯이 숨은 전설도 찡하다. 옛날 조선시대에 아이를 갖지 못하는 한 아낙이 온갖 약을 다 썼으나 아이를 갖지 못했다. 그렇게 아이 갖기를 소원하던 아낙은 어느 날 장명산 약수터를 찾게 되었다. 지금은 흔적도 없는 교하면 장명산 중턱에 위치한 약수터를 찾아 올라가서 약수에 밥을 지어 먹고 구절초 달인 물을 먹으면서 지성을 드린 후에 아이를 갖게 되었다. 그 소문이 한양 땅에 퍼지게 되어 아이를 갖지 못한 양반님네 부인들까지 매년 음력 9월 9일에 장명산에 내려와서 약수에 밥을 지어 먹고 구절초 달인 물을 먹어서 아이를 갖게 된 일이 많다는 전설이 전해져 내려오고 있다. 그런 장명산에 얽힌 전설로 보듯 구절초는 여자의 냉에 특효가 있다고 전한다.

북적이는 몇몇 구절초 축제만큼이나 구절초꽃차의 품질도 여러 가지다. 그런데 숨은 듯 작은 소동공소의 구절초꽃차는 자라는 환경이나 만드는 이의 손길만큼 정결하고 고운 색채가 보존되어 있다. 라자로 기도를 1,600일이 넘도록 매일 한 시간씩 드리는 소동공소 성모회원들의 순백한 마음이 구절초꽃차에 고스란했다. 윤주훈(루카) 공소 회장이 건넨 노랗게 우러난 구절초꽃차에는 구절초꽃이 말간 모습으로 부활해 있었다. 시판되는 구절초꽃차에서는 아리고 자극적인 맛이 이따금 보였으나, 소동골 구절초꽃차는 색도 향도 맛도 순하고 부드러운 가을 햇살 그대로였다. 이들의 꽃 채취하기, 흐르는 물에 깨끗이 씻기, 시간 엄수해 쪄내기, 꽃잎 하나씩 정결히 펴서 말리기, 마무리 말리기까지 일곱 가지 공정은 소동골 구절초꽃차를 최고의 상품으로 이끌었다.

말간 생이 우러난 차 한잔에 푹 빠져 있을 때 임진강 선교사의 전화가 울렸다. 아직 임신이 안 된 며느리에게 구절초꽃차를 선물하고 싶다는 시어머니의 간절한 음성이 내 귓전에까지 건너왔다. 내 생을 건너 다음 생을 이어가는데 구절초꽃차에 기대는 마음은 오죽하랴. 청초한 자태로 은은한 향기를 멀리 뿜는 구절초에는 순연한 가을 정취가 가득했다. 억척같은 생의 뿌리를 가진 구절초는 천연덕스레 소박했다. 멀리서 손짓하던 어머니 같은 구절초꽃은 그렇게 뜨고 지는 해를 따라 나부끼었다.

| 구절초꽃차 만들기 |

✿ 우리나라에서 감국, 산국, 쑥부쟁이, 개미취 등의 국화과 식물들을 총칭해서 들국화라고 하지만 구절초를 일컫는 것이 보통이다. 구절초, 산구절초, 바위구절초의 전초를 구절초(九折草)라 하며 약용하는데, 개화 직전에 채취하여 햇볕에 건조하여 그대로 쓰거나 술에 볶아서 쓴다. 비위(脾胃)를 따뜻하게 하고, 자궁을 건강하게 만드는 조경(調經), 소화의 효능이 있어 월경불순, 불임증, 위냉(胃冷), 소화불량을 치료한다.

1. 소동골 구절초꽃차 따라하기

① 만개 직전의 구절초꽃 모개미를 딴다.
② 물에 한 번 깨끗이 씻어내어 소쿠리에서 받쳐낸다.
③ 센 김이 오르는 찜솥에서 1분 30초간 쪄낸다.
④ 꽃을 하나씩 펼쳐 그늘에서 말린다.
⑤ 잘 말린 후 밀폐 용기에 넣어 보관한다.

2. 구절초꽃차 마시기

끓인 물을 부은 찻잔에 마른 구절초꽃 세 송이를 넣고 2분간 우려 마신다.
색이 말간 노랑으로 우러나고, 맛이 부드러우며, 꽃이 다시 제 모양으로 펼쳐지는 것이 잘 만든 구절초꽃차이다.

국화는 하나도 버릴 것이 없는 식물이다. 꽃만 감상하는 것이 아니라 봄에는 움을 먹고, 여름에는 잎을 먹으며, 가을에는 꽃을 먹고, 겨울에는 그 뿌리를 먹는다. 《신농본초》에는 국화를 약품(藥品)으로 열거하였고, 선가에서는 국화를 연년익청(延年益靑), 즉 수명을 늘이고 젊어지는 약의 재료로 삼았다. 우리네 연중행사 중의 하나이던 화전(花煎) 놀이에서도 봄에는 진달래꽃으로, 가을에는 국화로 하였다.

국화
키 : 1미터
꽃 : 10~11월
학명 : *Chrysanthemum morifolium* Ramat.

가을 꽃차여행
국화꽃차

은일의 군자화

동쪽 울타리 밑 국화 캐다가
유연히 남산을 바라보노라.
採菊東籬下
悠然見南山.

일 년이란 생을 가진 한 해가 저물녘이면 세상의 온갖 것들이 지난했던 묵은 찌끼를 떨구고, 사람도 생의 고개에 침잠한다. 꽃들이 까마득하게 진 자리에 맺은 열매가 다음 생을 기약할 즈음 자연과 인생의 조화로 피어나는 은일(隱逸)의 꽃이 있다.

국화를 지극히 아끼던 도연명(陶淵明)의 걸작 시구마냥 국화를 찾아 나선 안동 길은 담백하고 해맑았다. 훤한 대낮인데 새벽같이 서늘한 길에 빨간 사과며 색색의 국화가 구불구불 느리게 따랐다. 안동은 국화차 대표 산지로 꼽히는데, 청와대가 명절 선물로 택하고, 남북정상회담 때 남쪽의 꽃차로 평양까지 건너간 이유 때문이리라. 그만큼 안동 국화차는 이곳 특산물 목록에 으뜸으로 얹어야 할 정도로 유명하다.

안동 국화차의 시배지라 할 법한 봉정사 가는 길에 노란 국화가 골골이 밭을 이루었다. 옥빛 하늘 아래 사박사박 밟히는 낙엽마저 정결한 천등산 골짝에 숨어서도 제 색에 충실한 국화는 지나는 해를 반추케 했고, 천천히 오르는 발길에 만추의 향으로 동행하였다.

이 산은 오랜 옛날 산등성이 작은 굴에서 끈질긴 유혹에도 흔들림 없이 도를 닦던 능인스님에 감복한 천상 선녀가 굴 안을 환히 밝혀주었다는 데서 천등산이란 이름이 나왔다. 신라 의상대사의 제자인 능인스님은 수행 정진하던 중 종이로 봉황을 접어 날렸는데, 여기에 머물러 봉정사(鳳停寺)가 자리하게 되었다.

우리나라에서 가장 오래된 목조건물을 가진 봉정사에는 들목부터 구석구석 눈길이 닿는 곳마다 국화가 숨은 듯 피어 있었다. 내 안에 든 수많은 나를 낱낱이 파고들어 반성하게 하는 조명의 노란 국화였다.

일반 화훼 가운데 가장 진화한 것이 국과(菊科)다. 국과 식물 중에서도 가장 발달한 것이 국화인데, 국화 재배에서 가장 앞선 나라는 중국이었다. 그렇지만 지금은 일본이 가장 세련된 기술을 가졌고, 재배하여 감상하는 것만 해도 무려 2천여 종에 달한다.

우리나라의 경우 국화의 품종 중에 좋은 것은 고려 충선왕이 원나라에서 돌아올 때 가져온 것이라고도 한다. 하지만 송나라 때 유몽(劉蒙)의 《국보菊譜》를 보면 훨씬 전에 신라국(新羅菊)과 고려국(高麗菊)이 중국 땅에 건너가 사랑받았음을 알 수 있다. 일본의 기록에 의하면, 니토쿠(仁德) 천황 73년에 백제로부터 파랑, 노랑, 빨강, 하양, 검정의 다섯 가지 국화를 일본으로 처음 가져왔다고 한다. 이로 보면 우리나라 삼국시대에 이미 여러 변종을 심었던 사실을 알 수 있다. 그런데 국화에 대한 우리말이 없고 한자를 따라 부르게 된 것으로 보아 원생은 중국으로 추정한다. 중국에서는 처음에 국화를 오로지 약용으로 재배하였고, 관상용으로 아껴 기르게 된 것은 퍽 후세의 일이라 한다.

옛날 함경도 깊은 산골에 일찍 남편을 잃고 자수 일을 하며 살아가는 올케와 시누이가 있었다. 그들의 수놓는 솜씨는 소문이 자자했다. 그런데 갓 등극한 임

眞如門

금이 나라 안의 명승지를 급히 돌아보려 했으나 금강산과 백두산 중 어느 산을 먼저 돌아봐야 할지 몰라 두 산의 풍경을 그림으로 그려 올리라는 명령을 내렸다. 이 명령을 접한 지방관은 두 여인에게 색실로 그림을 떠오라고 분부했고, 올케는 백두산으로, 시누이는 금강산으로 떠났다. 올케는 한 달 동안 삼천삼백삼십삼의 색실을 구천구백구십구 번 바느질하여 백두산을 다 떠 넣으면서 네 귀에다 사계절을 상징하는 꽃도 함께 떠 넣었다. 시누이도 올케 못지않은 솜씨로 금강산을 수놓았다. 지방관은 백두산 자수품에 있는 계절 꽃을 금강산 네 귀에도 열두 달에 피는 꽃을 새기라고 명했다. 시누이는 1월부터 선달까지 떠 넣었는데, 9월에 피는 꽃은 얼른 떠오르지 않아 그려 넣을 수가 없었다. 먼저 마치고 온 올케는 노란 실, 흰 실, 파란 실로 꽃 한 송이를 수놓았는데, 여태 보지 못한 신기하고 훌륭한 꽃이었다.

임금은 상주된 두 폭 자수를 보다 금강산 주위에 그린 꽃이 웬 꽃이냐고 물었다. 관리는 올케가 답한 대로 '구월꽃'이라고 대답했더니 임금은 그 꽃을 가져오라고 명했다. 지방관은 즉시 두 여인을 찾아갔고, 두 여인은 생각하던 끝에 동해 기슭 산언덕에 이르러 키가 작은 쑥대 끝에 색실로 꽃송이를 수놓기 시작했다. 그것은 금강산 그림에 수놓은 꽃이긴 했지만 죽은 꽃이요 살아 핀 꽃이 아니었다. 두 여인이 근심하고 있을 때 동해 바다 여신이 살그머니 수놓은 꽃에 숨을 불어주었다. 그랬더니 꽃들이 생생히 살아나 짙은 향기를 풍겼다. 이 꽃을 올렸더니 임금은 매우 기뻐했고, 이렇게 생겨난 꽃이 바로 국화였던 것이다.

신이 그의 형상을 따라 빚은 흙에 숨을 불어넣어 사람이 생명을 얻었듯이, 자수 꽃에 바다 여신이 숨을 불어 살아 있는 꽃으로 태어난 국화의 전설은 자연의 창조설에 가늠되겠다.

늦은 서리를 견딘다 하여 은군자(隱君子), 은일화(隱逸花), 영초(齡草), 옹초(翁草),

천대견초(千代見草)로 정절과 은일의 꽃으로 알려진 국화는 사군자의 하나이며 모란・작약과 함께 3가품(佳品)이다. 일찍이 동양의 서정을 대표하는 꽃으로 예찬했으나, 시인 사이에 크게 사랑받게 된 것은 도연명 이후의 일이다. 언제나 아름답다는 가(佳) 자를 지닌 국화는 본성이 서향을 좋아해 동쪽 울타리에 심는다는 도연명의 시에서 이미 동리가색(東籬佳色)임을 가늠할 수 있다.

더불어 오덕(五德)을 가진 국화다. 첫째는 밝고 둥근 꽃송이가 높이 달려 있어 천덕(天德), 둘째는 땅을 닮은 노란색의 지덕(地德), 셋째는 일찍 심었는데도 늦게 피는 군자의 덕, 넷째는 서리를 이기고 꽃을 피우는 지조의 덕, 다섯째는 술잔에 꽃잎을 띄워 마시는 풍류의 덕을 국화오덕(菊花五德)이라 한다. 그만큼 하늘을 우러러 부끄럼 없이 살기를 원했고, 내가 디딘 대지를 두고 오만하지 않으며 조바심내지 않는 인내를 추앙하며 고통도 끝내 선물임을 체득하여 자연을 통한 수행과 멋의 수단으로 삼았던 것이다.

한편 국화가 민속에 파고들어 보편화된 것은 중양절의 고사를 봐도 알 수 있다. 후한 때 여남 땅에 항경(恒景)이라는 사람이 살았는데, 어느 날 그의 스승이 중양절에 닥칠 큰 액운을 면하려면 산수유 열매를 넣은 주머니를 팔에 걸고 높은 산에 올라가 국화주를 마시라고 했다. 스승이 시키는 대로 한 후에 집으로 돌아오니 가축이 모두 죽어 있었다. 놀란 항경이 스승께 물으니 그에게 닥칠 재액을 가축들이 대신한 것이라 답하였다. 그 후부터 음력 9월 9일만 되면 국화주를 마시고 산수유를 지님으로써 재액을 면하는 풍습이 생겼다고 한다. 이는 산수유의 붉은색과 국화의 황색이 음양 사상에서 양에 속하므로 음기를 물리치는 주술의 힘이 있다고 믿어왔기 때문으로 생각된다.

이런 민속을 보면 녹차에 국화나 산수유 열매를 넣어 함께 달이거나, 국화에 산수유 열매를 넣은 이즈음의 국화차 베리에이션은 오래전부터 내려온 차 습속

산국

으로 볼 수 있다.

조바심과 조급증에 쫓기는 이즈음의 사람들에게 국화차 한잔은 잊었던 느림과 여유의 미덕을 깨우치게 한다. 느림은 게으름이 아니다. 관조할 수 있는 여백을 온몸으로 느끼는 것이다. 화려한 꽃들이 다투던 봄, 여름이 다 지나고 홍엽도 떨어져 헐벗은 산에 무서리가 내려야 고요히 피어나는 국화야말로 군자가 갖추어야 할 여백의 꽃이다. 군자는 남녀나 노소의 구분이 없다. 찬찬히 들여다본 자기의 본성을 삶의 길에 실천으로 옮기는 사람이 군자다. 저물어 가는 해거름에서 자신을 돌아보고, 다가올 해돋이를 은근히 기다리는 저력을 얻고자 할 때 국화차 한잔을 동행의 차로 삼을 일이다.

| 국화꽃차 만들기 |

✿ 한방에서는 두통, 현기증, 눈의 충혈 등에 묘약으로 국화를 쓴다. 컴퓨터 등의 전자기기를 오래 사용하여 생기는 안구건조증이나, 혈압이 올라가면서 시력이 감퇴되는 증상, 그리고 여러 원인에서 오는 두통은 현대인이 겪는 질환 중에 비중이 크다. 이때 뜨거운 물에 우린 국화차, 특히 감국(*Chrysanthemum indicum* (L.)) 꽃차가 도움이 된다. 감국에 들어 있는 방향성의 정유 성분은 시력 상승 작용과 함께 혈압 강하 작용과 진정 효과를 주기 때문이다. 꽃차로 마시고 난 뒤에 남은 꽃을 다시 말려 모아두었다가 메밀 등과 함께 만든 베개는 몹쓸 병의 대표 격인 스트레스 해소에 도움이 되는 생활 비법이다. 감국(甘菊)은 강하고 쓴맛이 나는 산국에 비해 맛이 달고, 꽃의 크기가 1.5cm 내외인 산국보다 조금 더 큰 2.5cm 정도이며, 잎의 모양이 길쭉하고 날카롭게 생긴 산국에 비해 톱니가 동글동글해서 부드러운 느낌이 난다.

1. 마른 감국꽃차 만들기

① 감국 꽃송이만 딴다.
② 흐르는 물에 살짝 씻어 손질한다.
③ 센 김이 오르는 솥에서 30~40초간 쪄낸다.
꽃의 독성이 염려되면 솥의 물에 약간의 소금이나 대추를 넣고 끓인다.
④ 쪄 낸 꽃을 모양을 살려 그늘에서 말려 밀봉한다.

2. 저장용 감국꽃차 만들기

① 채취한 꽃을 깨끗이 손질한다.
② 꿀에 재워 한 달 동안 저장해 숙성시킨 후 냉장 보관한다.

3. 감국꽃차 마시기

마른 감국꽃 서너 송이를 찻잔에 넣고 잘 끓인 물을 부어 2분간 우려 마신다.
꿀에 재운 감국꽃 서너 송이를 찻잔에 넣고 끓인 물을 부어 2분간 우려 마신다.

늘 푸른 상록수인 차나무는 매화보다 조금 더 큰 지름 2~2.5센티미터 꽃이 잎겨드랑이에 붙어 9월부터 12월까지 하얗게 핀다. 5개의 꽃받침잎 위로 5개 남짓의 꽃잎을 단 꽃은 3개의 암술에 많은 수술이 황금색 꽃밥을 달고 있다. 서리 내릴 무렵 차꽃이 무리지어 피어난 양이 마치 몽글몽글한 구름 같아 운화(雲花)라고도 한다. 밑으로 처져 피어나는 양이 부끄러이 머리를 숙이고 말수가 적어 보인다. 황금색 꽃밥은 결코 화려하지 않고 외려 정결한 여인의 기품으로 돋보인다. 더구나 고유한 향취는 차꽃의 진정한 아름다움을 더한다.

차꽃

키 : 4~8미터

꽃 : 9~12월

학명 : *Camellia sinensis* (L.) O. Kuntze

가을 꽃차여행
차꽃차

꽃등 밝히는 소화素花

가는 가을, 오는 겨울을 붙들어 봄으로 돌리고 싶을 때 해 길고 따숩은 남도에 가자. 마른 나무 아래 휑한 바람 몰아오면 숨은 듯 봄이 피어나는 남녘에 가자.

하동버스터미널에서 내려 쌍계사, 칠불암에 이르는 '우리나라 아름다운 길'을 따라 지리산 둔덕의 차밭으로 가자. 초의선사가 열여덟에 도를 깨친 월출산 아래 강진 차밭에 가 서자. 녹차의 수도 보성의 버스터미널에서 다시 군내버스를 갈아타고 구불구불한 초록 능선을 따르자. 내처 뱃길로 제주도 광활한 차밭에서 숨을 가다듬자. 그러다 단장된 차나무들이 까칠해서 혹은 너무 깍듯해서 내키지 않으면 정읍, 나주, 순천, 사천 등에 저대로 마음 편히 자란 야생 차밭으로 가자.

"차나무에도 꽃이 있나요?"

대부분의 사람들은 차나무를 잎만 알고 꽃은 모른다. 잎만 소중히 여기니 잎만 아는 게다. 하긴 어디 차꽃뿐이랴…. 꽃이 없이 어찌 대를 이어갈까. 꽃이 있어야 열매가 열리고, 열매가 떨어져 싹을 틔워야 생명이 이어 달리는 데 말이다. 서리 내린 지 오래된 해넘이에 몇몇은 겨울잠 잘 채비할 때 차꽃이 피어난다. 세상은 찬 겨울로 내닫지만, 남도 산자락은 그렇게 차의 봄인 게다.

……무당 월녀(月女) 그녀가 딸 소화(素花)에게 대물림 굿을 장만한 것은 해방되기 2년 전이었다. 그 굿판은 근동 사람들의 더없이 좋은 구경거리가 되었다. 현 부자가 굿판을 푸지게 차려주기도 해서였지만 사람들의 관심은 열일곱 살 난 소화가 대물림을 받아 무당이 되는 데 있었다. 그 굿을 구경한 사람들은 하나같이 기구한 운명의 아픔과 그 비애의 멍울을 가슴에 담아야 했다. 어미의 미모를 타고난 소화는 그대로 한 떨기 꽃이었고, 어미의 눈웃음과 수다스러움이 자칫 천박으로 빠지기 쉬운 데 비해 소화는 웃음이 없고 말수가 적은 품이 어떤 기품까지를 느끼게 했다. 그런 처녀가 무당이 될 대물림 굿을 받는 것이고 마흔아홉 살의 늙은 어미무당은 울며불며 굿춤을 추었는데 그건 춤이 아니라 차라리 몸부림이었다. 대물림을 받은 열일곱 살 소화가 춤을 추기 시작했을 때 겹겹으로 둘러선 여인네들은 하나같이 콧등 매운 눈물을 찍어내지 않을 수 없었다. 그때 정하섭은 중학생의 몸으로 차마 가까이 가지 못한 채 먼발치에서 그녀의 춤추는 몸짓만을 바라보고 있었다.……

—조정래, 《태백산맥》 중에서

"조정래는 차가 나는 벌교 사람인디 《태백산맥》에서 워찌 차 야그를 한 마디도 허지 않은지 모르겄소."

수년 전 순천에 사는 한 차농의 볼멘소리에 "소화, 그 이상의 차 이야기가 있

겠습니까"라고 대꾸를 한 적이 있다. 순천에서 지근거리인 벌교는 차도 좋지만, 소화가 《태백산맥》의 여주인공으로 태어난 고장이다. 소화는 차나무의 꽃이다. '웃음이 없고 말수가 적은 품이 기품까지 느끼게 하는' 무당 월녀의 딸 소화는 차꽃 소화(素花)를 쏙 빼닮았다.

이 차나무의 꽃은 여느 꽃들이 지고 난 후에 피는 것도 특이하지만, 또 다른 특성을 가지고 있다. 일반적으로 봄, 여름에 피었던 꽃은 가을에 열매로 맺는다. 그런데 차나무는 올해 핀 꽃이 내년에 열매로 여물고, 그 옆에서 또 다른 꽃이 피어나고 있다. 꽃과 열매가 마주보고 서로 맞들 듯한 실화상봉수(實花相逢樹)이다.

그리고 땅속 깊이 곧게 뻗어 내리는 뿌리는 옮겨 심으면 살기가 어렵고, 발아

실화상봉수인 차나무

한 씨앗도 두 몸을 합해서 땅 위로 생명력을 이어가니 예로부터 며느리를 맞아들일 때 예물에 차 씨앗을 넣어 보내는 봉차(封茶)의 풍습이 있었다. 일부종사와 절개를 지키며 부부애를 돈독히 하라는 메시지인 것이다. 혼인 전에 신랑 집에서 신부 집으로 채단(采緞)과 예장(禮狀)을 보내는 일을 봉치라고 하는데, 봉차에서 연유된 습속이다.

한편 신부가 시집간 후 조상의 제례에 차를 올리는 것도 무언의 다짐과 순명을 드리는 예였다.

촘촘한 잎 눈과 싸워 겨우내 푸르고
흰 꽃은 서리 씻겨 가을 떨기 피우누나
고야산의 신선인가 분바른 듯 고운 살결

염부의 단금인 양 꽃다운 맘 맺혀 있네.

密葉鬪霰貫冬青
素花濯霜發秋榮
姑射仙子粉肌潔
閻浮檀金芳心結.

조선 후기에 초의선사는 우리 차를 노래한 《동다송東茶頌》에서 차꽃을 백화(白花)보다 더 흰 소화(素花)로, 꽃술은 염부단금에 빗대었다. 푸른 잎과 벽옥 같은 가지에 달린 하얀 차꽃과 부처의 장식에 사용하는 가장 귀한 금인 염부단금은 변하지 않는 생명력과 함께 오행과 음양의 생명사상을 말하고 있다.

이따금 우리 차가 어디 있느냐고, 중국에서 건너온 것이 아니냐는 질문을 받곤 한다. 자생종에서부터 김수로왕과 혼인한 인도 아유타국의 공주 허황옥이 가져왔다는 인도 전래설, 신라 흥덕왕 때 왕명으로 대렴이 당나라에서 가져온 차 씨앗을 지리산 쌍계사 부근에 심었다는 《삼국사기》의중국 전래설 등의 여러 설이 많으나, 천 년이 넘은 차나무는 우리 차다. 천년의 세월 동안 우리 땅에서 우리의 환경에 길들여 자라온 차나무는 중국이나 인도의 차와 다른 색과 맛과 향을 지니고 독특한 감칠맛을 자아낸다. 그러니 우리나라에서 천년을 자라온 차는 우리 차이다. 우리 차는 우리 입맛에 맞고, 우리 차꽃은 소박하면서도 말수 적은 기품으로 끈기 있게 살아가는 민족의 꽃이다.

차꽃의 존재는 차나무의 잎에 가려져 드러나지 못했다. 꽃이 있다는 것조차 모르는 차 마니아도 많다. 차꽃은 효능으로 찾기보다 소박한 아름다움과 그윽한 향취 그리고 강인한 생명력이 그의 덕목이다.

움츠러드는 몸으로 동면에 들 때, 하얀 꽃등을 달고 깨어 있으라는 메시지를 찾아야 할 해넘이의 차꽃이다.

| 차꽃차 만들기 |

✿ 하루에 세 잔을 꾸준히 마시면 암도 예방한다는 차의 효능이다. 만병통치의 혁명이라는 다소 과장된 차는 잎, 뿌리, 종자에서 성분이나 기능성이 오래전부터 널리 알려졌다. 잎은 머리와 눈을 깨끗이 하고, 갈증을 해소하며, 이뇨나 해독의 효능이 크다. 뿌리는 입안에 난 부스럼과 마른버짐을 치료한다. 사포닌이 든 종자는 해수나 가래를 없애는 효능이 있다. 그러나 차꽃에서는 효능보다 향취와 숨은 이야기에 품위를 둔 풍류차이다.

1. 마른 차꽃차 만들기

① 피기 시작한 어린 꽃봉오리를 따서 서로 붙지 않게 채반에 널어 통풍되는 그늘에 주일 남짓 말린다.
② ①의 차꽃을 전자레인지 중간 레벨에서 10초 정도 말린다. 혹은 온돌에 두어 한 더 말린 후 밀봉해 냉장 보관한다.

2 차꽃차 마시기

① 녹차를 우려낸 후 찻잔에 따른다. 생꽃을 띄워 풍류차로 마신다.
② 마른 차꽃 두세 송이를 찻잔에 넣고 끓인 물을 부어 2분간 우려 마신다.
③ 묵은 찻잎 한 찻술과 마른 차꽃 두 세 송이를 함께 찻주전자에 넣어 끓인 물을 부 2분간 우린 후 따르면 빛 고운 차가 된다.

보성 차밭의 가을

주요 꽃차여행 답사 안내지도

부산 동백섬 가는 길

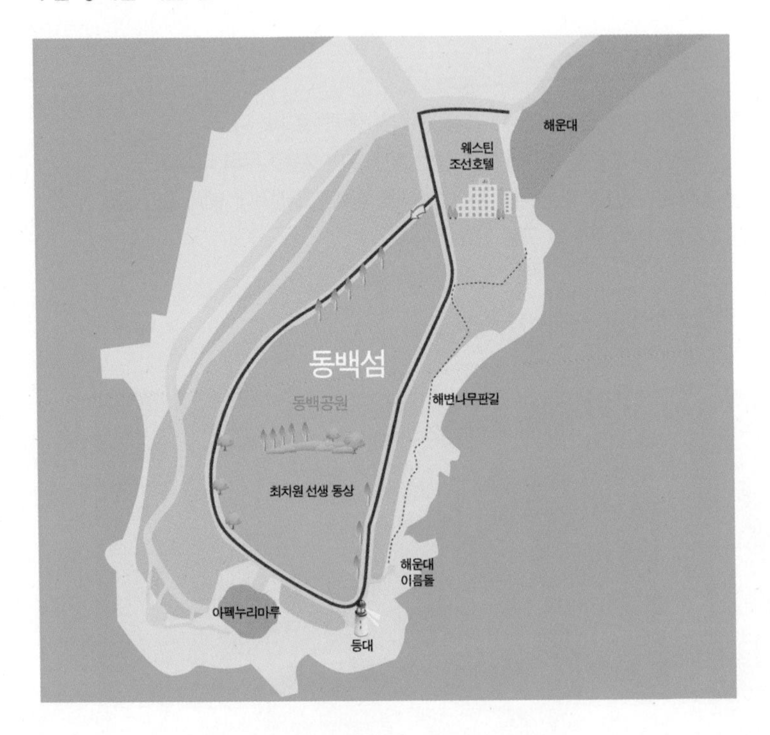

교통편 부산역에서 140, 302, 40, 139, 240번 버스
김해공항에서 370번 버스 또는 공항 리무진 버스(50분)
부산고속터미널에서 307번(좌석)
시내버스 5, 40, 109, 139, 140, 240, 302
주소 부산광역시 해운대구 우동 710-1
문의전화 (051) 749-7621

천리포 수목원 가는 길

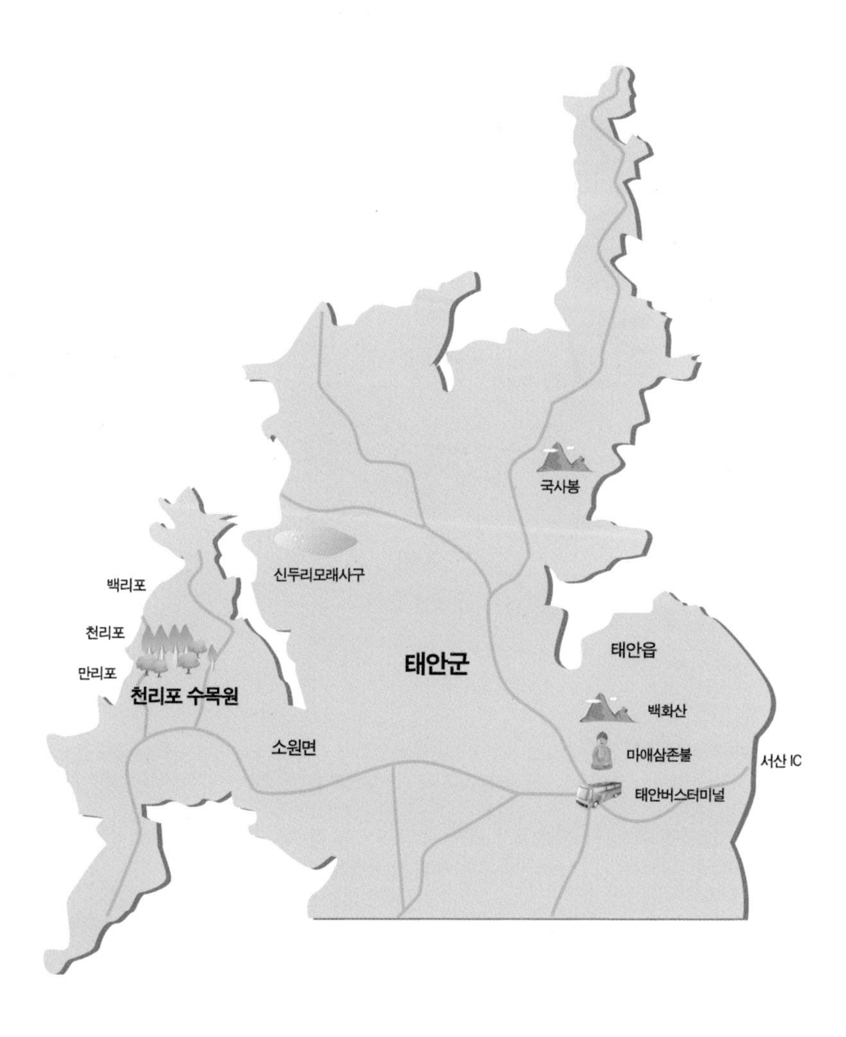

교통편 [**승용차**] 서해안고속도로 → 서산 IC → 서산 → 태안 → 만리포 방향 → 천리포 수목원(2시간)
[**고속버스**] 서울 남부시외버스터미널 → 태안버스터미널(2시간 30분) → 천리포 수목원(시내버스 30분)
주소 충청남도 태안군 소원면 의항리 875 (http://www.chollipo.org/)
문의전화 (041) 672-9982

강화도 고려산 가는 길

교통편 [**승용차**] 100번 서울외곽순환도로 → 김포 나들목(김포 IC)에서 김포/강화 방면 → 48번 국도 강화 방면 → 김포 시청 → 마송 → 강화대교 → 강화터미널(1시간) → 부근리 삼거리(15분) → 백련사(도보로 40분) → 고려산(도보로 1시간)

[**고속버스**] 서울 신촌 시외버스터미널(2호선 신촌역 1번 출구 방향) 좌석버스 3000번 → 강화버스터미널(1시간 10분) → 부근리 삼거리(15분) → 백련사(도보로 40분) → 고려산(도보로 1시간)

주소 인천광역시 강화군 하점면 부근리 317

문의전화 (032) 930-3623

태백산 구와우 마을 가는 길

교통편 [**승용차 1**] 영동고속도로 → 남원주 IC → 중앙고속도로 → 제천 IC → 38번 국도(영월 방면) → 사북, 고한 → 두문동재 터널 → 태백시 초입에서 검룡소 방향(강릉 방향)으로 좌회전 → 구와우 마을(3시간)

[**승용차 2**] 영동고속도로 → 여주 IC → 중부내륙고속도로 → 감곡 IC → 박달재 지나 제천 → 38번 국도(영월 방향) → 사북, 고한 → 두문동재 터널 → 태백 → 구와우 마을(3시간)

[**고속버스**] 서울 동서울버스터미널 → 태백버스터미널(3시간 20분) → 구와우 마을(시내버스 10분)

[**기차**] 청량리역 → 태백역(4시간 20분) → 구와우 마을(택시로 10분)

주소 강원도 태백시 황지동 280번지 고원자생식물원 (http://www.sunflowerfestival.co.kr/)

문의전화 (033) 553-9707

지리산 노고단 가는 길

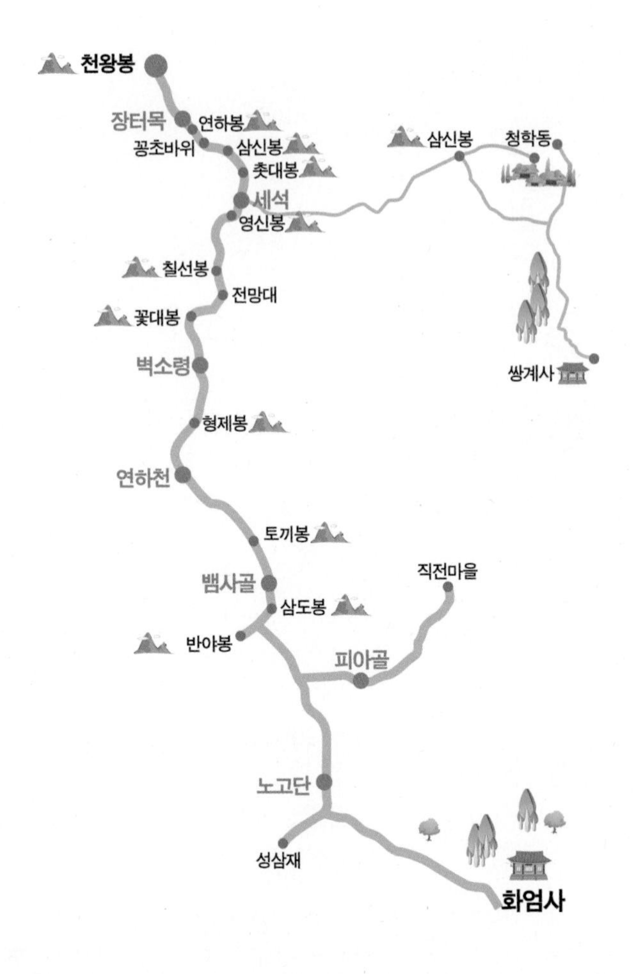

교통편 [**승용차**] 경부고속도로 → 대전-통영 간 고속도로 → 함양 IC → 88고속도로(남원 방면) → 지리산 IC → 뱀사골 → 성삼재 주차장(4시간 50분) → 노고단(도보 1시간)
[**고속버스**] 서울 남부버스터미널 → 구례버스터미널(3시간 30분) → 성삼재 주차장(40분) → 노고단(도보 1시간)
[**기차**] 용산역 → 구례구역(4시간) → 구례버스터미널(15분) → 성삼재 주자창(40분) → 노고단(도보 1시간)
주소 경상남도 산청군 시천면 중산리 922-18 (http://jiri.knps.or.kr/)
문의전화 (055) 972-7771

전남 보성 녹차밭과 순천 선암사 가는 길

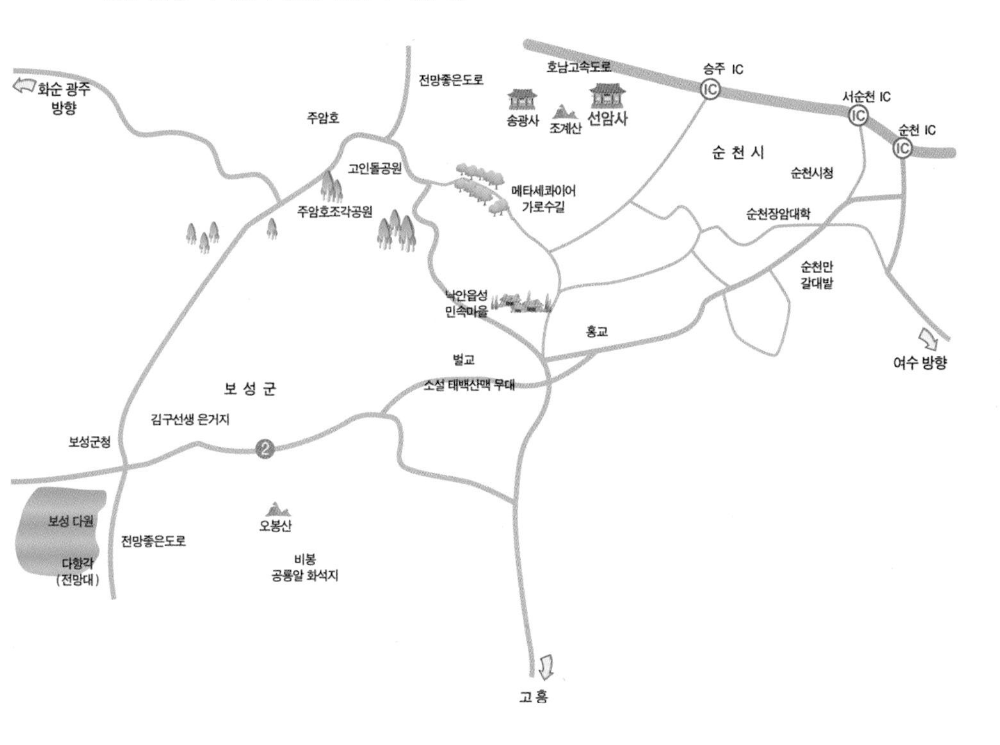

순천 선암사 교통편 〔**승용차**〕 경부고속도로 → 논산천안고속도로 → 호남고속도로 → 익산 JC → 이산 포항고속도로 → 완주 JC → 순천완주고속도로 → 순천 JC → 남해고속도로(광주 방향) → 승주IC(송광사 IC 바로 전) → 857번 지방도 → 벌교 방향 20분 → 선암사(4시간)

〔**고속버스**〕 서울 강남고속버스터미널 → 순천버스터미널(5시간) → 선암사(시내버스 1번, 50분)

〔**기차**〕 용산역(호남선) → 순천역(5시간 : KTX 3시간 20분)→ 선암사(시내버스 1번, 1시간)

주소 전남 순천시 송주읍 죽학리 산 802번지 (http://www.seonamsa.net/)

문의전화 (061) 754-5247

보성 녹차밭 교통편 〔**승용차**〕 경부고속도로 → 논산천안고속도로 → 호남고속도로 → 익산 JC → 이산포항고속도로 → 완주 JC → 순천완주고속도로 → 순천 JC → 남해고속도로 → 순천 IC → 순천 시내 → 2번 국도(벌교, 보성 방향 1시간 후) → 보성 → 18번 국도(10분) → 우회전(대한다원 이정표, 4시간 30분)

〔**고속버스**〕 서울 강남고속버스터미널 → 광주시외버스터미널(3시간 30분) → 보성시외버스터미널(직행 1시간 20분) → 보성 다원 입구(시내버스 15분)

〔**기차**〕 용산역(호남선, 하루 1회 운행) → 보성역(5시간 40분) → 보성 다원 입구(율포행 버스 20분)

주소 전남 보성군 보성읍 봉산리 1291

문의전화 (061) 853-2595

안동 봉정사 가는 길

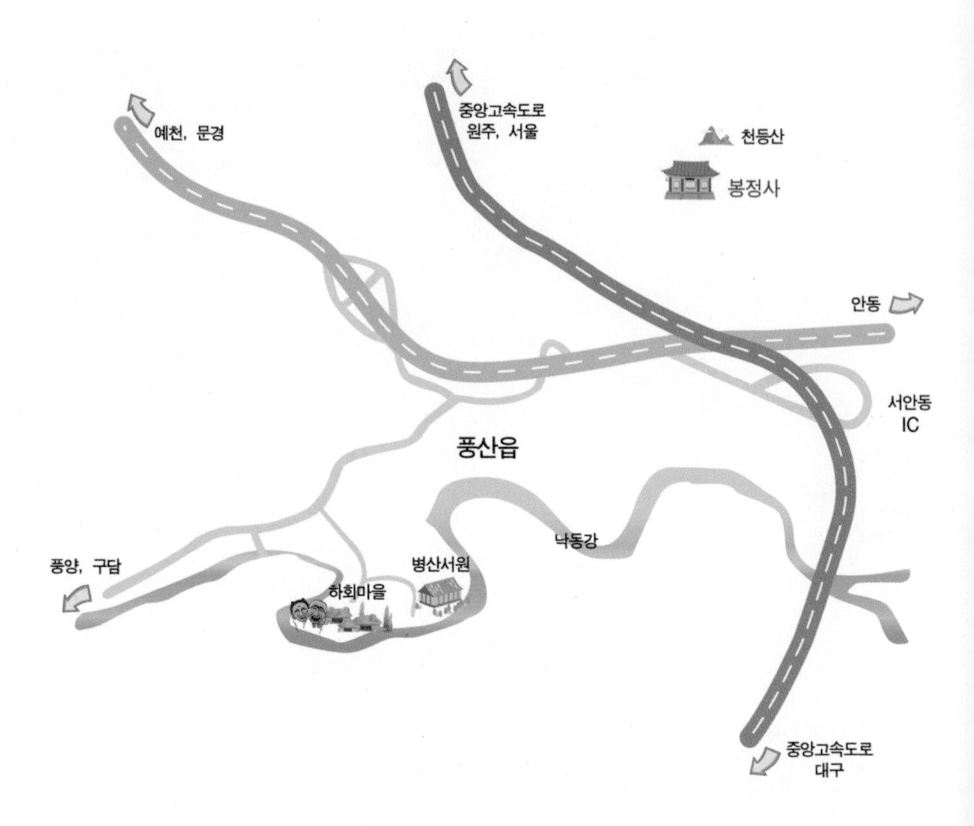

교통편 [**승용차**] 중부고속도로 → 호법 분기점 → 영동고속도로 → 여주-만종 분기점 → 중앙고속도로 → 제천, 단양, 영주, 예천 → 서안동 IC → 안동 → 34번 국도 송야 사거리(서호·봉정사 방향으로 좌회전) → 924번 지방도로 → 봉정사(3시간)

[**고속버스**] 서울 동서울버스터미널 → 안동버스터미널(3시간) → 봉정사(51번 시내버스 30분)

[**기차**] 청량리역 → 안동역(3시간 30분) → 봉정사(51번 시내버스 30분)

주소 경상북도 안동시 서후면 태장리 901 (http://www.bongjeongsa.org/)

문의전화 (054) 853-4181

강원도 봉평 가는 길

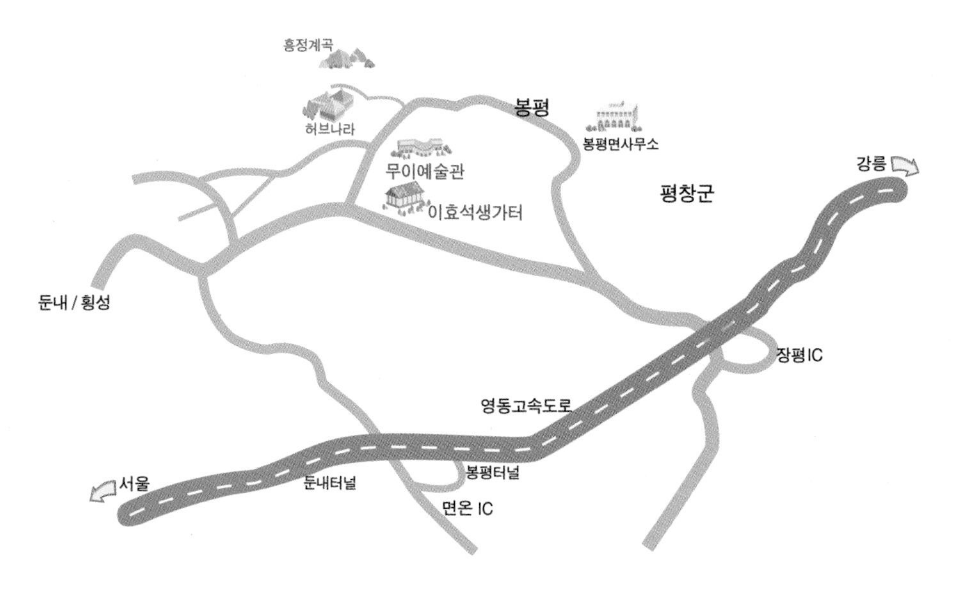

교통편 〔**승용차**〕 중부고속도로 → 호법 분기점 → 영동고속도로(원주, 강릉 방향) → 만종 분기점 → 영동고속도로 (강릉 방향) → 원주 IC → 횡성, 둔내 → 면온 IC → 장평 IC → 31번 국도 → 6번 국도 분기점 → 봉평(2시간 30분)

〔**고속버스**〕 서울 동서울버스터미널 → 장평 버스터미널(2시간 30분) → 봉평(시내버스 10분)

주소 강원도 평창군 봉평면 원길리 764-1 (http://www.hyoseok.com/)

문의전화 (033) 335-2324

참고문헌

* 저서

국립수목원, 《식별이 쉬운 나무도감》, 지오북, 2010.

권영한, 《재미있는 나무 이야기》, 전원문화사, 1992.

김광규, 《하루 또 하루》, 문학과지성, 2011.

김남조, 《시가 있는 아침》, 책 만드는 집, 2009.

김선풍·리용득 공편저, 《전설 속에 피어난 꽃 이야기》, 집문당, 1995.

김영아, 《사계절의 향기 머금은 꽃약차》, 푸른행복, 2008.

김재황, 《시와 만나는 77종 나무 이야기》, 외길사, 1991.

김태정, 《쉽게 찾는 야생화》, 현암사, 2010.

김태정, 《우리 꽃 백가지》, 현암사, 2010.

김평자, 《암을 이기는 식이요법 식용꽃 요리문제점》, 아카데미북, 2005.

김헌선 외, 《구비문학에 나타난 꽃 원형 : 이야기와 본풀이를 예증삼아》, 한국구비문학회, 2009.

나태주, 《슬픔에 손목잡혀》, 시와시학, 2000.

문일평, 《화하만필》, 삼성문화재단, 1972.

민태영 외, 《경전 속 불교 식물》, 이담북스, 2011.

박시영, 《우리 들꽃 이야기》, 해마루북스, 2007.

박영하, 《우리나라 나무 이야기》, 이비컴, 2004.

박희운 외, 《자연에서 찾는 민간요법 약초》, 작물과학원, 2005.

복효근, 《목련꽃 브라자》, 천년의 시작, 2005.

손광성, 《나도 꽃처럼 피어나고 싶다》, 을유문화사, 2001.

송창우, 《불로장생, 건강과 아름다움의 약속》, 각, 2011.

송홍선, 《한국의 꽃 문화》, 문예산책, 1996.

송희자, 《마음맑은 우리꽃차》, 아카데미북, 2004.

신달자, 《눈송이와 부딪혀도 그대 상처》, 문학의 문학, 2011.

신준식, 《먹으면 치료되는 약차·약술》, 국일미디어, 1997.

심상룡, 《알고나서 먹자》, 의성당, 2001.

안덕균, 《신동의보감》, 열린책들, 1994.

연호택, 《차와 함께 떠나는 여행》, 평단문화사, 1997.
오철수, 《사람이야기 시로 쓰기》, 동랑커뮤니케이션, 2009.
우종영, 《나는 나무처럼 살고 싶다》, 걷는나무, 2009.
이상희, 《꽃으로 보는 한국문화》, 넥서스, 1999.
이석호 외, 《현대시의 모든 것》, 꽃을담는틀, 2007.
이연자, 《우리차, 우리꽃차》, 랜덤하우스중앙, 2005.
이영노, 《새로운 한국식물도감》, 교학사, 2007.
이용성, 《야생초차(산과 들을 마신다)》, 도솔, 2007.
이원규, 《옛 애인의 집》, 솔출판사, 2003.
이유미, 《우리가 정말 알아야 할 우리 나무 백가지》, 현암사, 2005.
이창복, 《대한식물도감》, 향문사, 1993.
장광진 외, 《이럴 땐 이런 약초》, 푸른행복, 2008.
전문희, 《산야초 차 이야기》, 이른아침, 2011.
정헌관 외, 《우리 생활 속의 나무》, 국립산림과학원, 2007.
정호승, 《다시는 헤어지지 말자 꽃이여》, 랜덤하우스코리아, 2006.
정호승, 《포옹》, 창비시선, 2007.
조현용, 《우리말 깨달음 사전》, 하늘연못, 2005.
진은영, 《일곱 개의 단어로 된 사전》, 문학과 지성사. 2003.
최두석, 《시의 샘터에서》, 웅진북스, 2003.
최양수 · 김현희, 《우리 몸에 약이 되는 꽃차요리》, 하남, 2008.
최진규, 《약이 되는 우리풀 꽃나무》, 한문화, 2001.

* **역서**

로버트 패리시, 《데이야르 드 샤르댕의 신학사상》, 이홍근 역, 분도출판사, 2001.
린위탕, 《생활의 발견》, 전희직 역, 혜원출판사, 2002.
심 복, 《부생육기》, 지영재 역, 을유문화사, 2001.
프랜시스케이스, 《죽기 전에 꼭 먹어야 할 세계 음식재료 1001》, 박누리 역, 마로니에북스, 2009.
한국생약학교수협의회, 《본초학》, 아카데미서적, 2002.

* 논문

김영찬, 〈민들레의 항동맥경화 매커니즘 구명 및 제품 개발에 관한 연구〉, 한국식품연구원, 2007.
류정호, 〈초의선사의 생명관-동다송을 중심으로〉, 가톨릭대학교 석사학위논문, 2011.
박옥란, 〈한국현대시에 나타난 꽃의 의미연구〉, 숭전대학교 석사학위논문, 1982.
오정한, 〈고전문학에 나타난 꽃의 의미〉, 경희대학교 석사학위논문, 1982.
이병훈, 〈옥잠화가 건망증 생쥐모델의 학습과 기억의 감퇴 및 항콜린성 작용에 미치는 영향〉, 대구한의대학교 대학원 한의학과 신경정신과, 2006.
이종우, 〈벚꽃의 항알레르기 효과〉, 경희대학교 석사학위논문, 2008.
전혜경 외, 〈식용꽃 추출물이 항산화 및 세포의 생리활성에 미치는 영향〉, 한국지역사회생활과학회, 2004.
조경숙 외, 〈수종의 꽃을 이용한 화차 개발〉, 한국차학회, 2000.
http://www.nature.go.kr